农村

防震减灾知识读本

贾英华　管志光　主编

海燕出版社

图书在版编目（CIP）数据

农村防震减灾知识读本 / 贾英华，管志光主编. —郑州：海燕出版社，2011.12（2015.9 重印）
（防震减灾科普知识丛书）
ISBN 978-7-5350-4804-2

Ⅰ. ①农… Ⅱ. ①贾… ②管… Ⅲ. ①农村－防震减灾－中国－普及读物 Ⅳ. ①P315.9-49
中国版本图书馆CIP数据核字（2011）第251483号

书　　名　农村防震减灾知识读本

责任编辑　王茂森
责任校对：李培勇　齐　笑
封面设计　李　宁
出版发行　海燕出版社
社　　址　河南省郑州市北林路 16 号
邮　　编　450008
电　　话　0371－63834455
网　　址　http://www.haiyan.com
印　　刷　河南省郑州市毛庄印刷厂
版　　次　2011 年 12 月第 1 版
印　　次　2015 年 9 月第 6 次印刷
开　　本　700 mm × 1 000 mm　1/16
印　　张　9
字　　数　130 千字
定　　价　17.80 元

（如发现有印装质量问题，请与印厂联系）

防震减灾科普知识丛书
编委会名单

主　　任：王合领

副 主 任：卢国合

委　　员：（按姓氏笔划为序）

王士华　王志敏　王占波　刘尧兴

吴长运　张贵军　陈　达　金　雷

郝建平　梁顺德　管志光

本书编委会名单

主　　编：贾英华　管志光

副 主 编：于仁宝　兰艳歌

编　　委：（按姓氏笔划为序）

任锦团　何香玲　钟　敏　袁　倩

韩艳杰　谢健健

前　言

历史将永远铭记这一时刻：2008 年 5 月 12 日 14 时 28 分 04 秒，随着一声沉闷的巨响，四川汶川 8.0 级特大地震发生了！巴蜀大地山崩地裂，无数个温馨的家园顷刻间化为乌有，69227 人遇难，17923 人失踪。然而相隔不到两年，人们尚未从汶川地震的伤痛中走出来，2010 年 4 月 14 日青海玉树 7.1 级地震发生了！苦难的同胞又在地震废墟中辗转呻吟，无辜孩子们的琅琅读书声又一次戛然而止。我国地震多发，是造成人员伤亡最多的自然灾害。新中国成立以来，我国各类自然灾害造成的死亡人数约为 65 万，地震死亡人数高达 36 万，比其他各类灾害造成的死亡人数总和还要多；21 世纪的前 9 年,我国各类自然灾害造成的死亡总人数约为 10.9 万，地震造成 8.8 万人死亡，比例超过 80%。地震活动频度高、强度大、震源浅、分布广、灾情重是我国地震灾害的显著特点。

面对一次又一次惨重的地震灾难，人们不禁要问：地震是怎么一回事？我们这里会不会发生地震？地震来了怎么办？怎样才能有效减少地震带来的人员伤亡和财产损失？一次又一次的大地震给我们一个重要启示：要有效减轻地震灾害，不仅需要全面提升地震监测预报能力、建筑工程抗震能力、地震紧急救援能力等“硬实力”，更需要提升全社会的防震减灾意识和防震避险、自救互救能力这个“软实力”。两者相辅相成，才能互相促进。从现实情况看，当前我国社会公众的防震减灾综合素质与经济社会快速发展和地震灾害频繁发生的国情还很不适应。社会公众的防灾意识淡薄，防震减灾知识缺乏，应对地震灾害的准备不足，是当前中国防震减灾工作面临的突出问题。为此，《中华人民共和国防震减灾法》规定了县级人民政府及其有关部门和乡、镇人民政府、城市街道办事处等基层组织，应当组织开展地震应急知识的宣传普及活动和必要的地震应急救援演练，提高公民在地震灾害中的自救互救能力。学校应当进行地震应急知识教育，组织开展必要的地震应急救援演练，培养学生的安全意识和自救互救能力。前不久，中宣部、中国地震局联合召开防震减灾宣传工作会议，对当前和今后的防震减灾宣传工作作出了安排部署，出台了《关于进一步做好防震减灾宣传工作的意见》，强调让公众了解地震常识，具备防震减灾意识，掌握防震避震技能，引导全社会共同参与防震减灾活动，这是增强防震减灾综合能力的根本途径。中国地震局印发了《关于推进防震减灾文化建设的意见》，提出防震减灾文化建设是防震减灾事业发展的重要保证，要加强防震减灾科普知识宣传教育，提升全社会防震减灾的意识和能力，不断增强防震减灾文化软实力。

鉴于上述，河南省地震局组织编写了这套防震减灾科普知识丛书，目的是以最大限度地减轻地震灾害损失为宗旨，大力普及防震减灾科学知识，拓展防震减灾公共文化服务，使科学减灾、全面预防的理念深入人心。该丛书在表现形式上既有深入浅出的文字描述，又有生动活泼的卡通漫画，集科学性和趣味性于一体；在知识体系设计上，既讲授了地震以及地震灾害的基本概念，又介绍了地震监测、震灾预防、应急救援方面的基本知识，并针对不同读者各有侧重，结合近年来国内外几次大地震的经验，增加了震前的应急演练、震后的心理治疗等内容，体现了防震减灾工作的最新理念和成果；在丛书层次设计上，充分考虑不同读者的特点，分别针对中小学生、城镇和农村读者对象，各有侧重地编写了相关知识。可以说，该丛书是一套科学严谨、通俗易懂、针对性和实用性很强的防震减灾科普知识丛书。相信该丛书的出版，对弘扬防震减灾文化，帮助广大读者正确认识地震及其灾害、了解防震减灾基本知识、掌握自救互救技能会有所裨益。

河南省地震局局长
丛书编委会主任

2012 年 11 月

目　录

第一章　地震概述

我们居住的这个蓝色星球是很不太平的，每年都要发 500 余万次大大小小的“脾气”。它一发“脾气”，大地就震动，这便是通常所说的地震。也就是说，如果平均下来，大约你每数 7 个数，地球便会在那里抖动一下身躯，释放一下发怒的“心气”。当然，这 500 余万次的“脾气”绝大多数都只是轻微一“哆嗦”，我们是感觉不到的，只有十分灵敏的仪器才能探测出来。人类能感觉到的地震约 5 万次，可能造成破坏的 5 级以上地震约 1000 次，造成巨大灾害的 7.0 级以上地震有 10 多次。

第一节　认识地震

地震是怎样发生的呢？现代科学证实，地震的发生与地球运动是密切相关的。因为大地震经常给经济社会带来沉重灾难，所以科学家们锲而不舍地探究地震发生规律，对地震的认识也越来越深入。

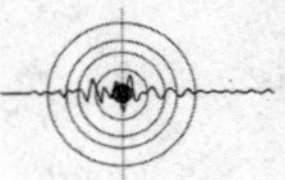

一、地球基本知识

在茫茫的宇宙中，我们人类世世代代赖以生存的地球已经走过了约 46 亿个年头。地球的表面超过 70.8%的面积为海洋所覆盖，所以从太空中看，地球是蓝色的。陆地仅占表面积的 29.2%。同时，地球也在不断地改变着自己的容貌：现今世界最雄伟高大的喜马拉雅山脉所在的广大地区，3000 万年前还是一片汪洋大海；亿万年以前原本是“铁板一块”的南美洲和非洲大陆现今似为隔着银河的“牛郎织女”……

事实证明：地球是一个运动不止的星球。尽管我们平常感觉不到它的运动，实际上地球却是一直在永不停歇地进行着“新陈代谢”。比如，大陆板块每年都以几毫米甚至几厘米的速度在不断地“生长”或“消亡”，世界最高峰珠穆朗玛峰现今仍在不断长高。

地球是一个近似实心的椭球体，由外向里可分为地壳、地幔和地核。如果我们把地球比作一个鸡蛋，那么地壳、地幔和地核分别就是蛋壳、蛋清和蛋黄。

地壳是与我们人类“亲密接触”的地球最外层，是由坚硬的岩石和风化的土层组成的。大陆地壳平均厚度约为 33 千米，大洋地壳平均厚度约为 7.3 千米。在不同地区，地壳厚度差异很大。大洋地壳比较薄，厚度仅有几千米；最厚的地壳在我国青藏高原，约有 70 千米。与平均半径约为 6371 千米的地球相比，地壳仅仅是薄薄的一层。

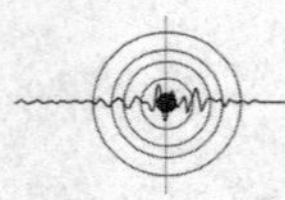

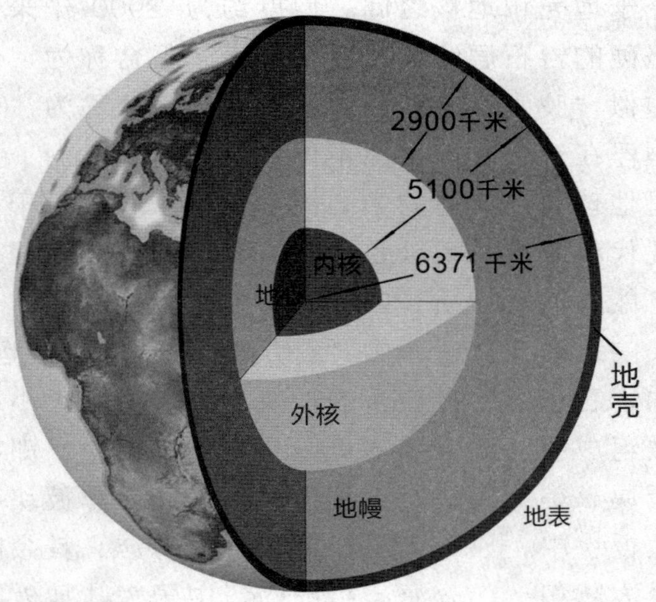

地球内部结构示意图

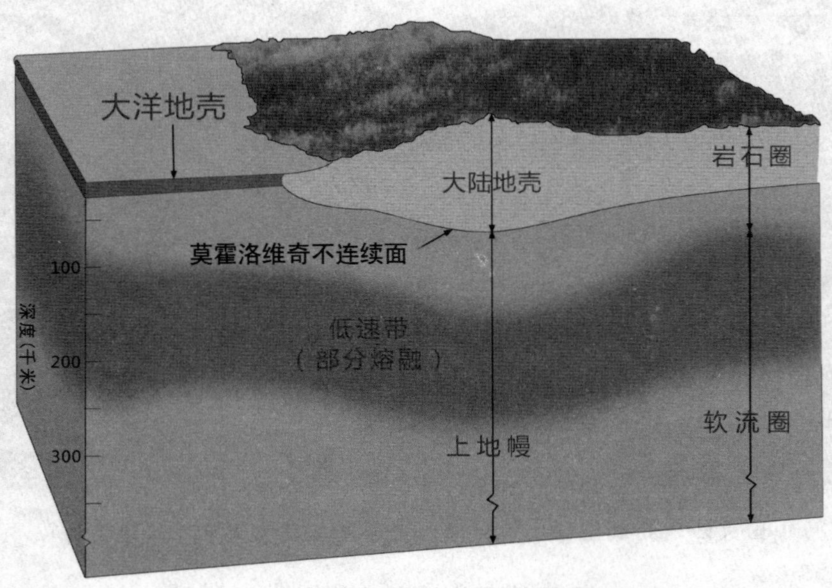

地壳剖面示意图

地幔介于地壳和地核之间，厚度约为 2900 千米。上半部分主要由坚硬的岩石层组成，它和地壳一起合称为“岩石圈”；下半部分由似“胶水”的塑性黏性物质组成，称为“软流层”，岩石圈就漂浮在这个软流层上不停地运动着。

地核是地球内部构造的中心圈层，位于 2900 千米以下直到地心。现代科学推测地核也分为内核和外核。根据地震波测算，外核可能是液态物质，内核则可能是固态物质。

在漫长的地质演化进程中，经历了无数次的构造运动之后，地球表面的岩石已经不是完整的一块了，而是由大小不等的板块彼此镶嵌组成的。地壳基本可以分为六大板块，即南极洲板块、欧亚板块、美洲板块、太平洋板块、印度洋板块和非洲板块。在六大板块中，只有太平洋板块全是海洋，其余的板块都是由一部分大陆和一部分海洋组成的。中国大陆地处欧亚板块东南部，受印度板块和太平洋板块夹持。

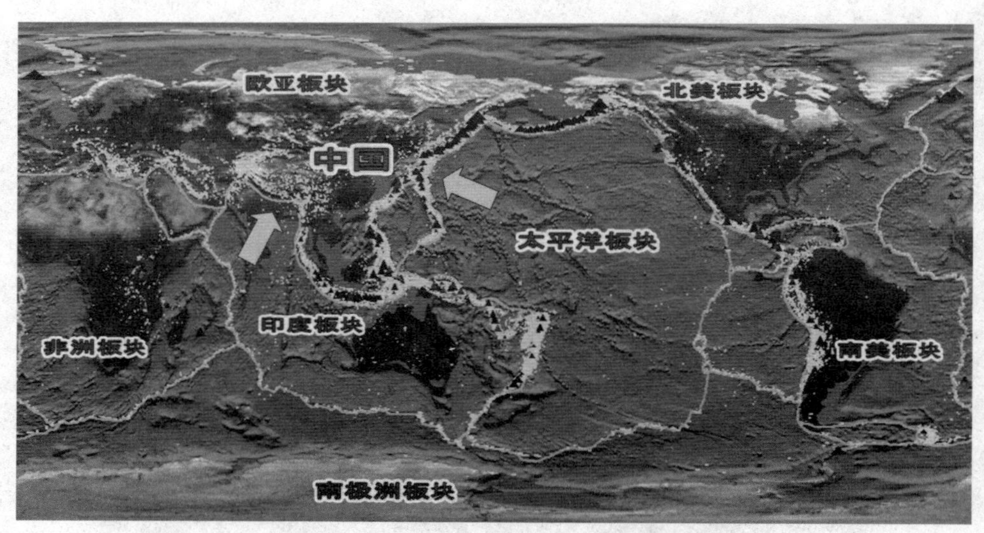

中国大陆地处欧亚板块东南部，受印度板块和太平洋板块夹持

我国地震构造环境示意图

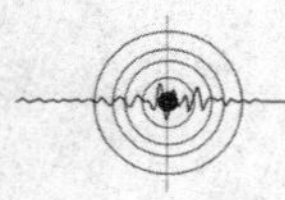

小贴士：大陆漂移

在世界地图上，为什么有的大陆海岸线之间会那么吻合？非洲西海岸与南美东海岸轮廓可以像拼图玩具一样拼起来，这两块大陆曾经连在一起吗？

1912年，德国科学家阿尔弗雷德·魏格纳提出一个假说——大陆是移动的！

魏格纳认为：所有的大陆曾经连成一片，称为“泛大陆”，形成于3亿年前。中生代开始，泛大陆开始解体分裂，每块大陆朝着它现在的位置移动，直至移到今天的位置。

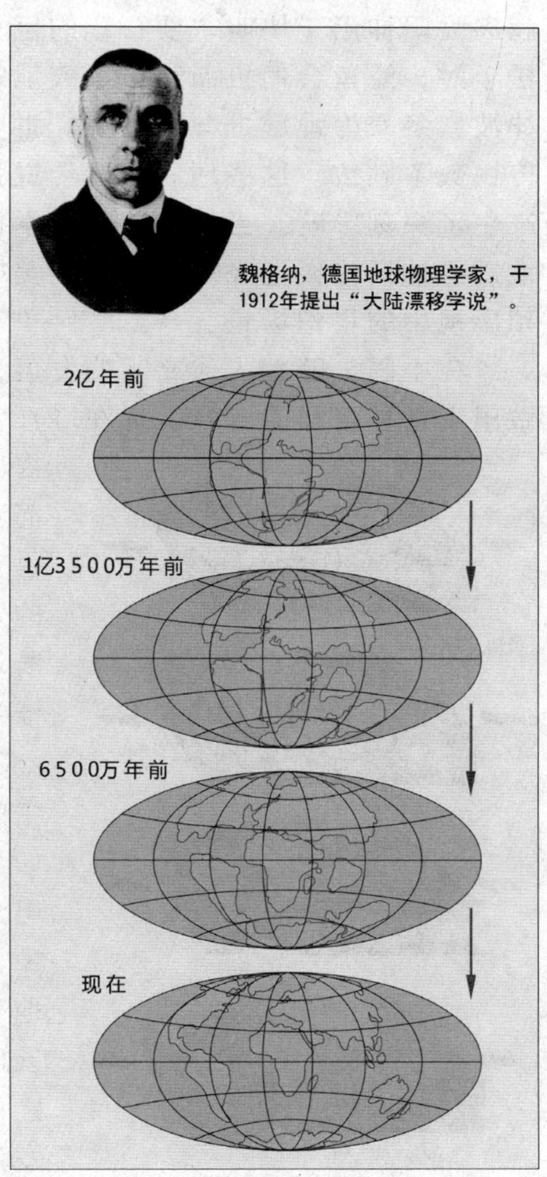

大陆漂移过程示意图

二、地震产生的原因

地震是指大地震地，俗称地动，是地壳某个部分的岩石在内、外地质应力作用下突发剧烈运动而引起的一定范围内的地面震动现象。

关于地震，自古以来流传着众多传说。在科学

技术不发达的古代，人们将地震的发生视为神灵的力量。在中国古代，民间流传着地下住着一条大鳌鱼，住得时间太长了，大鳌鱼就要翻一下身，只要大鳌鱼翻一下身，大地就会颤动起来的传说。而在日本神话传说中，日本国浮在一条鲶鱼的背上，鹿岛大明神用一块叫“要石”的巨石压住鲶鱼。大明神打瞌睡松手时，鲶鱼会伺机而动，导致地震。在古希腊甚至还有把海神波塞冬奉为地震之神的传说。世界上各民族有关地震的神话传说数不胜数。这些地震神话传说为人类不断探索地震的发生产生了深刻影响。当然，随着科学技术日新月异的发展，有关地震的神话传说已经成为历史的美好记忆，并逐渐地成为小说和影视中的科幻场景。

在中国，随着古代文明的发展，各民族的先哲对地震成因做出了各种各样的解释。远在 2700 多年前的西周，伯阳父就提出了“阴阳说”，认为“阳伏而不能出，阴迫而不能蒸，于是有地震”。随着现代科学技术的发展，人类对地球的探索不断地深入，地震神秘的面纱逐渐被科学家所揭开。

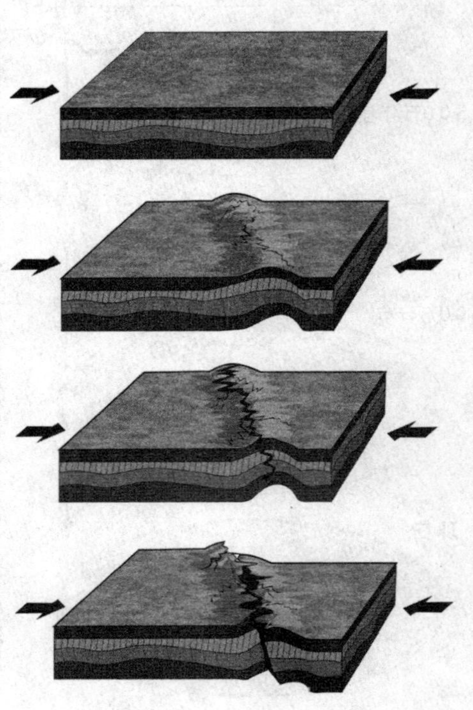

岩层受力引发地震示意图

那么，地震究竟是如何发生的呢？现代科学对地震作了如下解释：地震同风、雨、雷、电一样，是一种正常的自然现象，地球不断运动和变化，在地壳某些脆弱地带就会逐渐积累巨大的能量，当能量达到一定程度时，就会造成岩层突然发生破裂，或者引发原有断层的突然错动，岩层的破裂或断

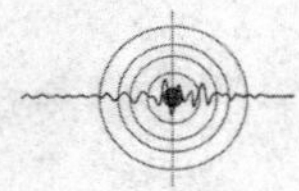

层的错动会激发出一种向四周传播的地震波，当地震波传到地表时，就会引起地球表面的震动，从而引起地震。

三、地震的种类

根据地震成因，地震可分为：天然地震、诱发地震和人工地震。我们常说的地震是指天然地震中的构造地震。

（一）天然地震

天然地震是指地球内部活动引发的地震，主要包括构造地震、火山地震和陷落地震。其中构造地震是指构造活动引发的地震，世界上90%以上的地震属于构造地震。这种地震对人类的影响和威胁最大。所有造成重大灾害的地震都属于构造地震。1976年的唐山7.8级大地震和2008年的汶川8.0级特大地震都是构造地震。

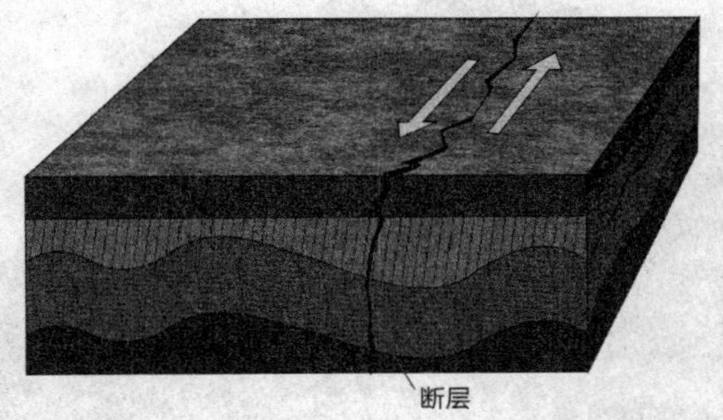

两个板块沿断层带滑动

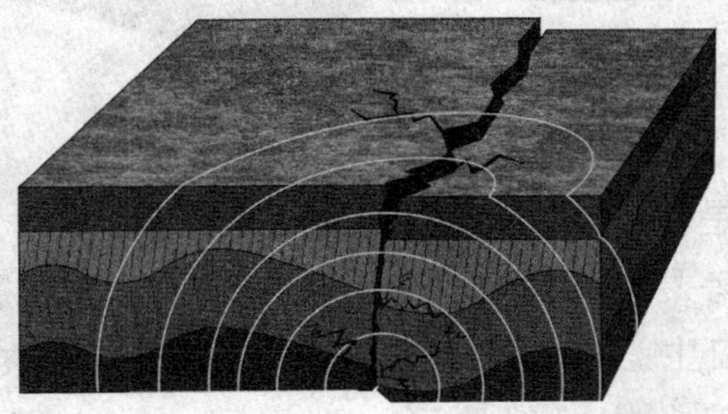

引发地震

构造地震示意图

火山地震是指火山活动引发的地震。火山地震与构造地震

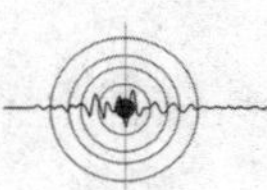

相比，集聚或释放的能量较小，因此对人类的影响是有限的。火山地震占全球地震总数的 7%左右。在我国，火山主要分布在台湾省、昆仑山区、黑龙江五大连池、吉林长白山和云南腾冲等地，约 660 座。其中绝大部分是死火山。台湾省正好位于环太平洋火山带上，是我国火山活动最为剧烈的地方。澎湖列岛、火烧岛、钓鱼岛等都是海底火山喷发而成的火山岛。目前，我国已经对黑龙江五大连池、吉林长白山等历史上有火山活动的地区加强了地震监测。

火山地震示意图

陷落地震是由于地下岩层陷落引起的地震。这类地震主要发生在石灰岩等易溶岩分布的地区，仅占全球地震总数的3%左右，但对生产和生态的破坏作用却不可忽视。例如，1981年1月，广西玉林县南口乡的局部地区，那里居住的人们在当时曾听到地下发出隆隆声，不久就发生了陷落地震，而且几天内接连塌陷了200多处，许多房屋和农田遭到破坏。

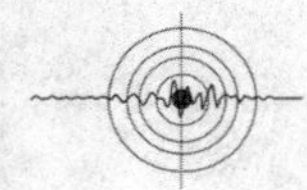

（二）诱发地震

人类活动引发的地震就是诱发地震，如矿山采掘、水库蓄水等，都可以引发地震。在各种诱发地震中，水库诱发地震的震例最多，震害相对最重；其次是抽、注液诱发的地震和采矿诱发的地震。水库诱发地震早在20世纪30年代就有发现。全世界已知有100多个水库蓄水后诱发了地震，其中中国有20多个。这类地震通常震级较小，释放的能量也相对较弱，一般只在某些特定区域发生。目前，我国监测到的震级最大的水库诱发地震是1962年3月19日发生在广东新丰江水库的6.1级地震，导致混凝土大坝产生了82米长的裂缝。

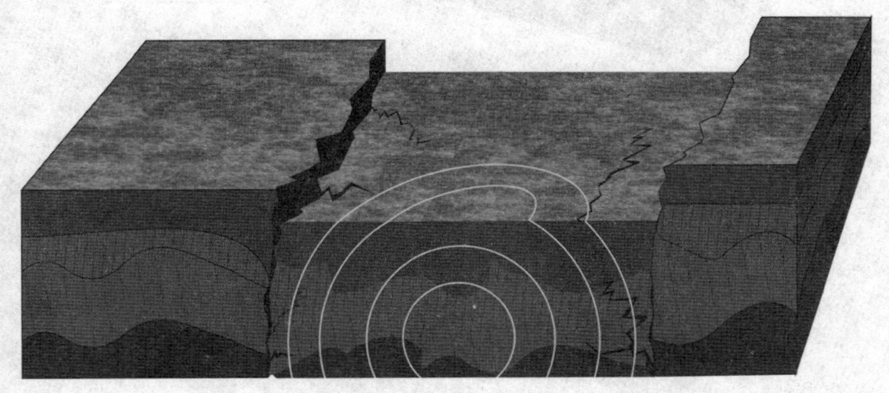

人工大量开采地下矿物或大量抽取地下水，导致地下岩层陷落引起地震

（三）人工地震

由于核爆炸、放炮等人为活动引起的地震就是人工地震。如工业爆破、地下核爆炸造成的震动等，都可形成人工地震。一般来说，能量越大的活动引起的震动就会越大。如一次百万吨级的氢弹爆炸所产生的地震效应相当于6.0级左右的地震。2009年5月25日，朝鲜进行了地下核试验，引发了4.7级的人工地震。人工地震由于震动的范围有限，时间上又较为固定和预知，所以一般不会造成特别大的灾害。

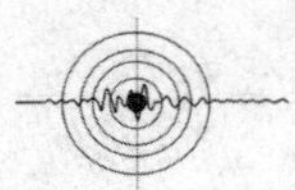

需要指出的是，震级较大的地震往往不是孤立的一次性事件。在一次主震的前后，通常会有一系列比主震震级小一些的前震和余震，构成一个完整的地震序列。因此，我们在防震减灾过程中不仅要关注主震,还要积极预防余震可能带来的破坏。

人工地震示意图

第二节　地震基本概念

一、地震三要素

如果发生了地震，用什么样的信息标识这次地震的基本情况呢？地震三要素就是地震的“身份证”，主要包括地震发生的时间、地点和震级，即什么时间、在哪个地方、发生了多大的地震，也叫作地震基本参数。时间也就是地震发生的时刻；地点叫作震中，是震源在地面上的投影，经常用地名来表示，有时也用经度和纬度来表示；震级就是地震大小的相对量度。

二、震源、震中距、震源深度

震源是指产生地震的源，即地下岩层断裂错动的地方。事

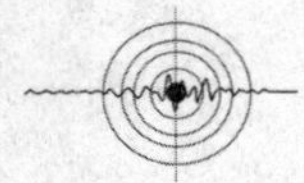

实上，一次较大的地震，地下岩层断裂或错动长度可达几百米甚至上千米。但相对于地球半径来说，这些长度可以忽略不计，所以地震工作者为了研究方便，往往会把震源简化为一个点。震源深度是指震源垂直向上到达地表的距离。目前，记录到最深的震源深度达 720 千米。对于同级别的地震，震源深度越深，影响范围越大，破坏的作用越小；反之，地震的破坏作用就越大。震中距是指震中至某一指定点的地面距离。例如，汶川地震的震中在汶川县映秀镇附近，而河南省郑州市的震中距为 920 千米。很显然，震中距越小，地震的破坏作用就越大，反之地震影响就会越小。

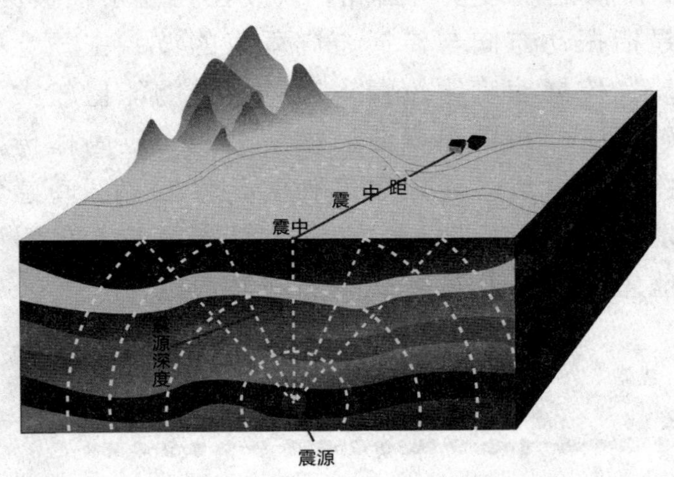

震源、震中距、震源深度示意图

小贴士：不同深度的地震

（1）浅源地震：震源深度小于60千米。

（2）中源地震：震源深度为60～300千米。

（3）深源地震：震源深度大于300千米。

地球上75%以上的地震是浅源地震，震源深度多为5～20千米。

三、纵波与横波

地震时，地下的岩石突然破裂、错动所产生的震动，会以弹性波的形式把能量从震源向四面八方传播出来，这种波就是地震波。我们可以通过一个实验来更好地理解地震波是什么：当我们站在湖边，把一块小石头扔到湖中，当石头接触到水面的一刹那，激起的水波就会向四周传播。这种传播方式就类似于地震波传播的方式。

地震波分为纵波和横波。

纵波是指振动方向与传播方向一致的波，主要会引起地面上下颠簸，传播速度较快。因此，纵波往往先于横波到达地表。

横波是指振动方向与传播方向垂直的波，主要会引起地面的水平晃动，传播速度比较慢。因其携带的能量较大，所以对建筑物的破坏主要来自于横波。横波只能通过固体传播，而不能通过液体和气体传播。地震来临时，我们忽然间感到上下颠簸，这就是纵波，随后感到晃动，这就是横波。地震横波振动幅度大是地震时造成建筑物破坏的主要原因。

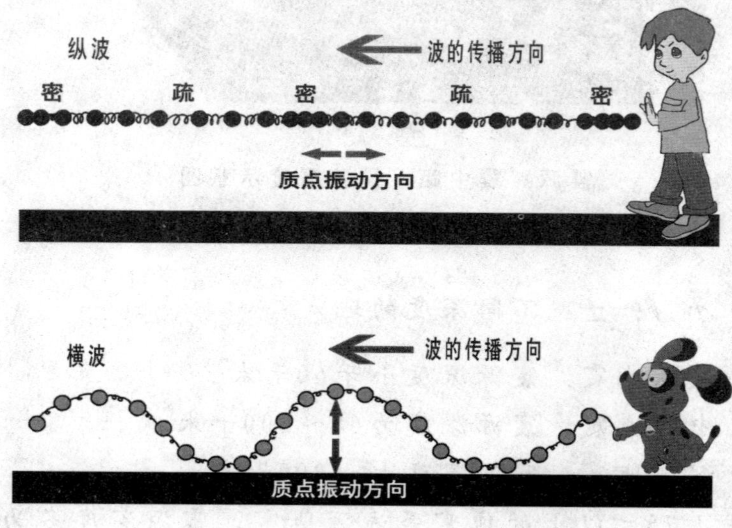

地震纵波与横波示意图

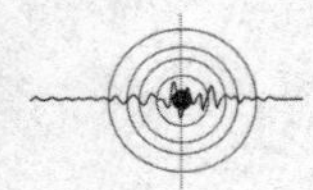

四、震级与烈度

（一）震级

震级是指地震大小的相对量度。一般来说，等于或大于 8.0 级的地震称为特大地震（如，2008 年汶川 8.0 级地震；2011 年日本 9.0 级地震）；等于或大于 7.0 级，小于 8.0 级的地震称为大震；等于或大于 6.0 级，小于 7.0 级的地震称为强震；等于或大于 4.5 级，小于 6.0 级的地震称为中强地震；大于 3.0 级，小于 4.7 级的地震称为有感地震；小于 3.0 级的地震称为弱衰、微衰。

（二）烈度

地震烈度是指地震引起的地面震动及其影响的强弱程度，简称烈度。目前我国使用的《中国地震烈度表》（GB/T 17742—2008）共分为 12 度，大致体现了不同地震烈度的影响和破坏程度。

中国地震烈度表（2008 年）

地震烈度	人的感觉	房屋震害			其他震害现象	水平向地震动参数	
		类型	震害程度	平均震害指数		峰值加速度 m/s^2	峰值速度 m/s
Ⅰ	无感	—	—	—	—	—	—
Ⅱ	室内个别静止中的人有感觉	—	—	—	—	—	—
Ⅲ	室内少数静止中的人有感觉	—	门、窗轻微作响	—	悬挂物微动	—	—
Ⅳ	室内多数人、室外少数人有感觉，少数人梦中惊醒	—	门、窗作响	—	悬挂物明显摆动，器皿作响	—	—
Ⅴ	室内绝大多数人、室外多数人有感觉，多数人梦中惊醒	—	门窗、屋顶、屋架颤动作响，灰土掉落，个别房屋墙体抹灰出现细微裂缝，个别屋顶烟囱掉砖	—	悬挂物大幅度晃动，不稳定器物摇动或翻倒	0.31 (0.22~0.44)	0.03 (0.02~0.04)
Ⅵ	多数人站立不稳，少数人惊逃户外	A	少数中等破坏，多数轻微破坏和/或基本完好	0.00~0.11	家具和物品移动；河岸和松软土出现裂缝，饱和砂层出现喷砂冒水；个别独立砖烟囱轻度裂缝	0.63 (0.45~0.89)	0.06 (0.05~0.09)
		B	个别中等破坏，少数轻微破坏，多数基本完好				

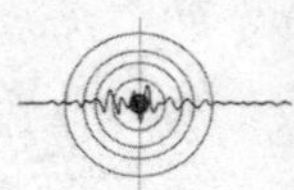

续表

地震烈度	人的感觉	房屋震害			其他震害现象	水平向地震动参数	
		类型	震害程度	平均震害指数		峰值加速度 m/s²	峰值速度 m/s
		C	个别轻微破坏，大多数基本完好	0.00~0.08			
Ⅶ	大多数人惊逃户外，骑自行车的人有感觉，行驶中的汽车驾乘人员有感觉	A	少数毁坏和/或严重破坏，多数中等和/或轻微破坏	0.09~0.31	物体从架子上掉落，河岸出现坍方；饱和砂层常见喷水冒砂，松软土地上裂缝较多；大多数独立砖烟囱中等破坏	1.25 (0.90~1.77)	0.13 (0.10~0.18)
		B	少数中等破坏，多数轻微破坏和/或基本完好				
		C	少数中等和/或轻微破坏，多数基本完好	0.07~0.22			
Ⅷ	多数人摇晃颠簸，行走困难	A	少数毁坏，多数严重和/或中等破坏	0.29~0.51	干硬土上出现裂缝；饱和砂层绝大多数喷砂冒水；大多数独立砖烟囱严重破坏	2.50 (1.78~3.53)	0.25 (0.19~0.35)
		B	个别毁坏，少数严重破坏，多数中等和/或轻微破坏				
		C	少数严重和/或中等破坏，多数轻微破坏	0.20~0.40			
Ⅸ	行动的人摔倒	A	多数严重破坏或/和毁坏	0.49~0.71	干硬土上多处出现裂缝；可见基岩裂缝、错动；滑坡、坍方常见；独立砖烟囱多数倒塌	5.00 (3.54~7.07)	0.50 (0.36~0.71)
		B	少数毁坏，多数严重和/或中等破坏				
		C	少数毁坏和/或严重破坏，多数中等和/或轻微破坏	0.38~0.60			
Ⅹ	骑自行车的人会摔倒，处不稳状态的人会摔离原地，有抛起感	A	绝大多数毁坏	0.69~0.91	山崩和地震断裂出现；基岩上拱桥破坏；大多数独立砖烟囱从根部破坏或倒毁	10.00 (7.08~14.14)	1.00 (0.72~1.41)
		B	大多数毁坏				
		C	多数毁坏和/或严重破坏	0.58~0.80			
Ⅺ	—	A	绝大多数毁坏	0.89~1.00	地震断裂延续很大；大量山崩滑坡	—	—
		B					
		C		0.78~1.00			
Ⅻ	—	A	几乎全部毁坏	1.00	地面剧烈变化，山河改观	—	—
		B					
		C					

注：表中给出的“峰值速度”是参考值，括弧内给出的是变动范围。

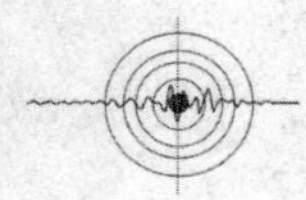

（三）震级和烈度的区别

震级是指地震大小的相对量度，仅和地震释放的能量多少有关，能量越大，震级就越大。它是用地震仪记录的地震波的幅度计算出来的，是一种定量的确定方法，用阿拉伯数字和“级”来表示。

地震烈度是指地震引起的地面震动及其影响的强弱程度。除同震级有关外，还与震中距、震源深度、地质构造和地基条件、房屋建筑质量等多个因素关系密切。烈度的大小是根据震后人的感觉、室内家具和物品的振动、房屋和其他建筑物的破坏程度，以及地面出现的破坏程度等宏观现象综合起来确定的。这是一种定性的确定方法。它是用罗马数字和“度”来表示的。所以我们称四川汶川 8.0 级特大地震，映秀镇和北川县城的地震烈度达 11 度。

一次地震只有一个震级，而烈度在不同地点却不尽相同。随着震中距增大，烈度逐渐降低。通常，震级越大，离震中越近，震源深度越浅，地基条件越差，烈度越高，反之越低。例如，发生在 1976 年 7 月 28 日的唐山大地震，震级为 7.8 级，震中区唐山的烈度为 11 度，随距离由近及远，天津市为 8 度，北京市为 6 度，石家庄市和济南市为 5 度。一般来说，震中区的烈度（震中烈度）最高，烈度最高的地区叫“极震区”。

另外，一个城市的抗震设防是用地震烈度来衡量的，例如，北京的抗震设防烈度是 8 度，如果说成“北京的房子能够抗 8.0 级地震”，是不对的。

第三节 多震的国情

我国是一个深受地震侵扰的多地震国家。之所以会有如此多的地震，主要是我们国家所处的地理位置决定的。

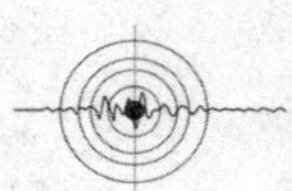

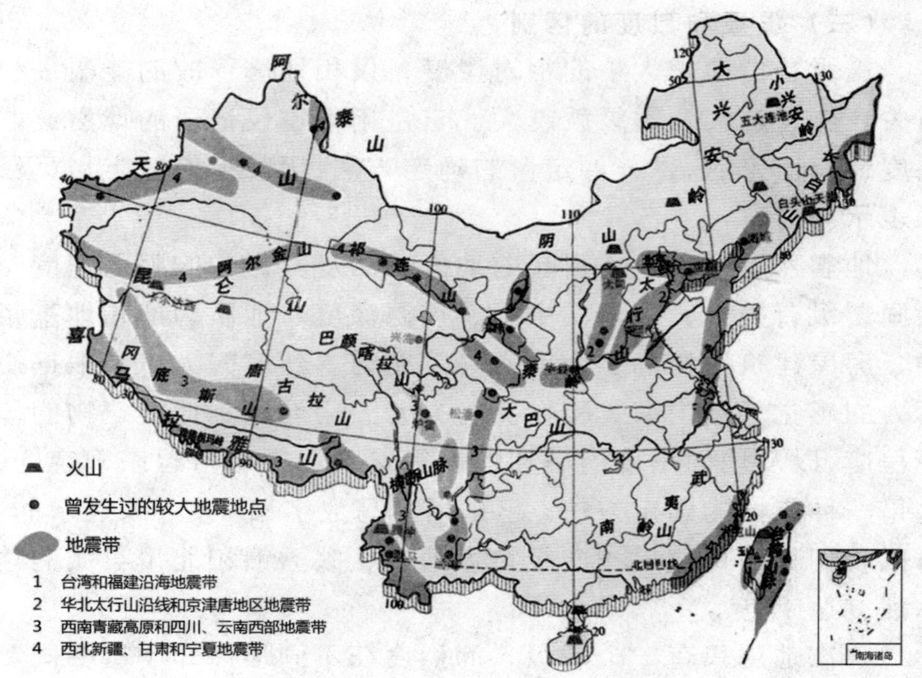

中国地震分布示意图

一、两大地震带

全球规模最大的地震带有环太平洋地震带和欧亚地震带（又称地中海—喜马拉雅地震带）。此外，还有海岭地震带。

我国地处欧亚大陆东南部，位于环太平洋地震带与欧亚地震带之间，有些地区本身就是这两个地震带的组成部分，因此我国是一个地震多发的国家。

全球地震并不是均匀分布的。据有关方面统计，全球地震约 80%发生在环太平洋地震带上，约 15%发生在欧亚地震带上，还有约 5%的地震发生在海岭地震带上。日本、智利等多地震国家都分布在环太平洋地震带上。

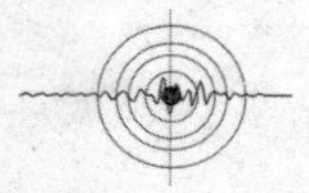

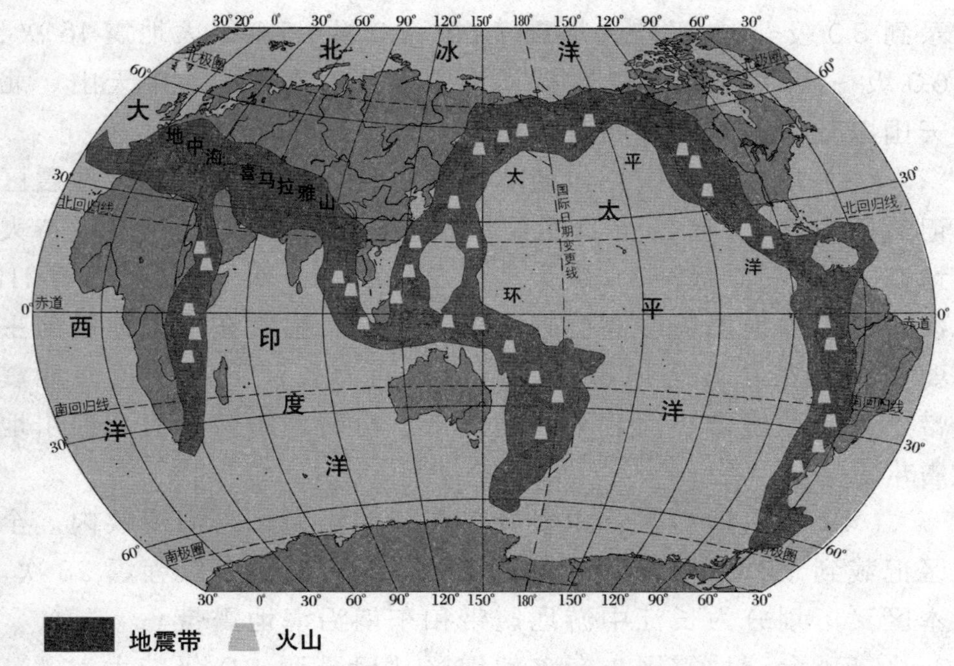

全球地震分布示意图

二、5个活动区

根据历史地震活动特点和地震构造差异，我国的地震活动在空间分布上具有明显的地域性差异。

我国的地震活动主要分布在五个地区的 23 条地震带上。这五个地区是：

（1）青藏高原地震区：包括青藏高原南部、中部、北部和帕米尔—西昆仑等地区。本地震区是地震活动最强烈、大地震频繁发生的区域。据统计，本地震区在我国境内共发生过8.0级以上特大地震9次、7.0级～7.9级大地震78次，居五大地震区之首。

（2）天山、阿尔泰地震区：该地震区位于天山南北，向西延至哈萨克斯坦和吉尔吉斯斯坦的天山地区，东部包括阿尔泰

山脉一带，向东延入蒙古国。天山地震区和阿尔泰地震区内记录到 8.0 级～8.5 级特大地震 7 次、7.0 级～7.9 级大地震 16 次、6.0 级～6.9 级强震 102 次。本地震区分为南天山、中天山、北天山以及阿尔泰山等四个地震带。

（3）华北地震区：包括华北地台和朝鲜半岛。华北地震区记载历史悠久，自公元 11 世纪以来共记录到 8.0 级～8.5 级特大地震 5 次、7.0 级～7.9 级大地震 20 次、6.0 级～6.9 级强震 111 次。这里的地震强度高但频率相对较低，强震在这个地震区主要集中分布在五个地震带，自东向西为长江下游—黄海地震带、郯庐地震带、河北平原地震带、汾渭地震带、河套银川地震带。

（4）华南地震区：主要分布在东南沿海和台湾海峡内。全区记载到 7.0 级～7.5 级大地震 5 次、6.0 级～6.9 级强震 28 次。本区又可划分为长江中游地震带和东南沿海地震带。

（5）台湾地震区：在该地震区共记录到 8.0 级特大地震 2 次、7.0 级～7.9 级大地震 38 次、6.0 级～6.9 级强震 261 次。这些地震绝大多数分布在台湾东部地震带，少数分布在台湾西部地震带。

这样的分布状况造成了我国地震活动频度高、强度大、震源浅、分布广的特点。

最早记载我国地震的《国语·周语》一书中，记录了周幽王二年（公元前 780 年）发生在陕西岐山的一次破坏性地震的情形，距今已有近 3000 年。从 20 世纪到现在，全国共发生 5.0 级以上地震 3500 余次，6.0 级以上地震 800 余次，其中 8.0 级和 8.0 级以上的地震 11 次。

第二章　地震灾害

地震是一种自然现象，并不等同于地震灾害。地震是否造成灾害取决的因素很多，前文提到的烈度是描述地震灾害的综合表述，通过烈度我们可以大致了解地震灾害的程度。地震灾害可分为原生灾害和次生灾害，原生灾害可通俗地理解为由地震直接造成的灾害。次生灾害是强烈地震发生后，自然以及社会原有的状态被破坏，造成的山体滑坡、泥石流、水灾、瘟疫、火灾、爆炸、毒气泄漏、放射性物质扩散对生命产生威胁等一系列因地震引起的灾害。

第一节　农村地震灾害的特点

我国有13亿人口，其中农村人口8亿多。人口多，底子薄，经济发展不均衡的国情在农村地区显得尤为突出。我国是世界上遭受地震灾害最为严重的国家之一。强烈地震给农村、农民、农业带来十分严重的影响。据统计，20世纪全球因地震死亡的人数约185万，我国就有61万，约占全球地震死亡人数的33%。我国地震造成的死亡人员中近60%为农村人口。近几十年来发

生的19次7.5级以上大震中，除了1976年的唐山大地震外，其余18次均发生在农村地区。绝大多数农村建筑设施不设防现象严重，小震大灾、大震巨灾的现象在农村地区十分普遍。

一、人员伤亡和房屋损坏严重

地震造成大量的人员伤亡和房屋倒塌现象在农村灾区十分普遍。我国农村地区村镇规划大多未考虑地震安全问题，相当一部分农村民居基本不设防，抗震性能差，又受到当地地理条件、经济情况的影响，农村建筑存在着安全隐患。甚至一次中等强度的地震就能造成房屋的严重损坏、倒塌以及大量的人员伤亡和财产损失。1983年山东菏泽5.9级地震、2003年新疆巴楚—伽师6.8级地震，震级都不高，但造成大量房屋倒塌和人员伤亡。2008年的汶川特大地震中，农村民居受灾情况十分严重，人员伤亡和房屋倒塌现象十分普遍。

二、农业基础设施遭到破坏

农业基础设施，如农村道路、水利、电力、通讯设施等作为农业生产的物质基础，是农业生产十分重要的劳动条件，也是地震时最容易被破坏的。破坏性地震往往给农业生产资料、生产工具和生产力造成很大损失。如汶川特大地震，使2756条农村公路的路基、路面以及桥梁、隧道等结构物受损，1996座水库、495处堤防不同程度出现险情，12.9万公顷农田被毁，农业生态环境遭到严重破坏。

三、农村经济结构受到冲击

我国是农业大国。近年来，随着国家对“三农”工作的支持力度逐年加大，我国广大农村地区经济不断发展壮大。如果遭受地震灾害，损失也将非常巨大。农村工业企业可能停产，企业的原材料和半成品将遭受损失，养殖业、种植业、副食品

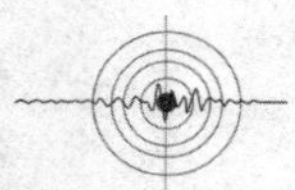

加工业以及农业合作组织会受到破坏，商业、企业货源会受到影响。对广大农村地区而言，地震灾害不仅使农村经济结构受到冲击，并且严重影响整个农村经济的可持续发展。

地震中桥梁被毁

地震中农田受损

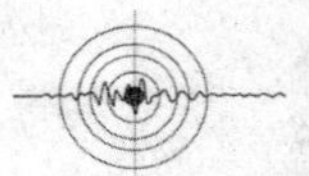

四、因灾致贫、返贫

尽管我国农村经济近年来发展较快，但由于农村经济基础薄弱，破坏性地震发生后，农民的房屋倒塌，农作物减产甚至绝收，生产生活用具受到损坏，主要劳动力减少。农民倾其所有建造的房屋、蔬菜大棚、养殖场等，往往被数秒钟的地震毁于一旦。加之部分农户经济相对不富裕，往往发生因灾致贫、因灾返贫现象，尤其在我国一些偏远山区、贫困地区更为明显。

五、造成心理创伤

破坏性地震不仅会对人的身体造成不同程度的伤害，对人造成的心理创伤也不容忽视。地震后反复回忆地震瞬间的可怕场面，比如在脑海里反复出现地震时看到房子倒塌的情节或某个人在地震时被压身亡的悲惨景象，会使人陷入绝望的情绪。因为可怕的地震情景深刻印在脑子里,所以情绪始终处于紧张、焦虑状态，担心地震随时再次来临，心理上产生极度恐慌。甚至有些人变得心灰意懒，无心从事生产和经济自救，而产生轻生的念头等。一般来说，身体伤害容易在短期内恢复，而心理创伤却是长久的、隐性的、反复的。

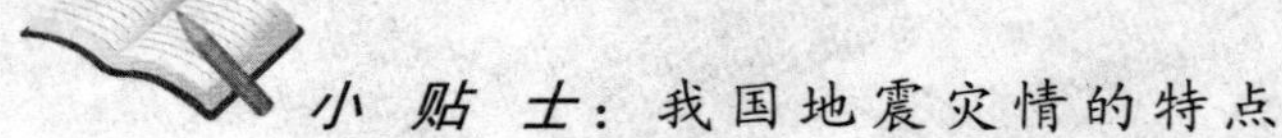

小 贴 士：我国地震灾情的特点

我国位于世界两大地震带——环太平洋地震带与欧亚地震带之间，受太平洋板块、印度板块和菲律宾板块的挤压，地震断裂带十分发育。我国地震活动具有频度高、强度大、震源浅、分布广的特点，是一个震灾严重的国家。统计表明，我国的陆地面积占全球陆地面积的1/15，即6.7%左右，人口占全球人口的1/5左右，即20%左右，然而发生在我国的陆地地震竟占到全球陆地地震的1/3，即33%左右，而因地震死亡的人数竟达到

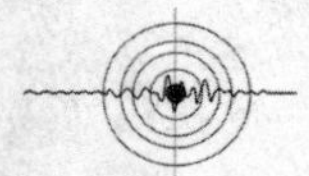

全球的 1/2 以上。20 世纪全球共发生 3 次 8.5 级以上的强烈地震，其中两次发生在我国。全球发生的两次导致 20 万人以上死亡的强烈地震也都发生在我国，一次是 1920 年宁夏海原地震，造成 23 万多人死亡；一次是 1976 年河北唐山地震，造成 24 万多人死亡。

第二节 农村地震次生灾害

前面讲过农村常见的地震次生灾害有水灾、火灾、崩塌、滑坡、泥石流、海啸、有害气体泄漏、核泄漏、传染病等。一次地震的次生灾害造成的损失有时会远远超过直接灾害造成的损失。

一、水灾、火灾

地震引起水库、江湖决堤或山体崩塌堵塞河道造成水体溢出等，都可能造成地震水灾。例如，1786 年 6 月 1 日，我国四川省康定南发生 7.5 级地震，大渡河沿岸出现大规模山崩，引起河流壅塞，形成堰塞湖；断流 10 日后，河道溃决，高数十丈的洪水汹涌而下，造成严重水患。

地震火灾常常造成严重人员伤亡和财产损失，是地震的主要次生灾害之一。一些农村地区，特别是经济欠发达地区，由于受自然条件、地理环境、经济条件的限制，房屋建设随意性大，大多房屋建筑耐火等级低。这些地区的房屋多系土木、砖木、石木结构，门窗多由木质材料制成，屋顶大部分由木材、板皮、油毡等可燃材料搭建而成，屋内多用纸张抹灰吊顶，并且房前屋后大多堆有柴草，造成室内外可燃物相连，再加上建筑物之间的距离小，有的连接在一起，一旦发生火灾，火借风势，容易蔓延扩大。

地震造成的水灾

地震造成的火灾

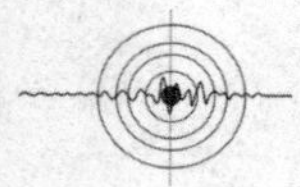

二、崩塌、滑坡、泥石流

我国是一个多山的国家，山地、丘陵和比较崎岖的高原占全国总面积的三分之二。地震一般都伴随不同程度的崩塌、滑坡和泥石流灾害。

崩塌是陡坡上大块的多裂隙岩体在地震力或重力作用下突然崩落的现象。

滑坡是斜坡上不稳定的土体（或岩体）在地震力或重力作用下，沿一定的滑动面（滑动带）整体向下滑动的现象。崩塌实际上是滑坡的一种特殊情况。

泥石流是山地在地震力或重力作用下爆发的饱含大量水、泥、砂、石块的洪流。

滑　坡

地震造成的崩塌、滑坡、泥石流，常常造成道路的破坏，桥梁、隧道被毁。滑坡、泥石流还可能摧毁农田、砸埋房屋，甚至毁灭整个村镇。

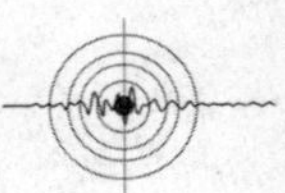

三、海啸

海啸是一种破坏力巨大的海浪。由水下地震、火山爆发等大地活动造成海底到海面的整个水层发生剧烈“抖动”，引起海水剧烈的起伏，形成强大的波浪向前推进，给沿海地带造成巨大的灾害。海啸在深海区域并不危险。当海啸波进入浅海后，由于海水深度变浅，波高突然增大，这种波浪运动所形成的波高可达数十米，并形成“水墙”，冲上陆地，对人类生命和财产造成严重威胁。

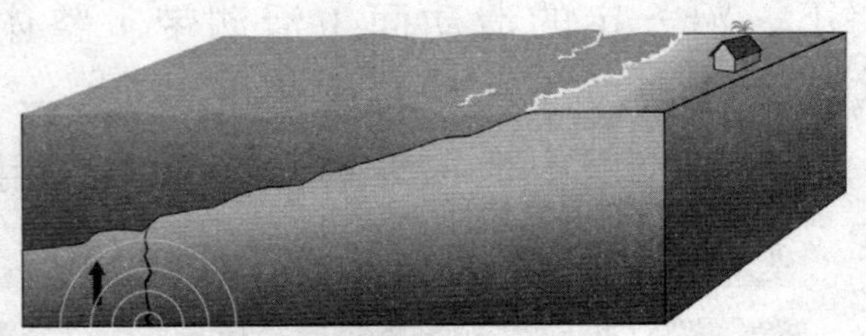

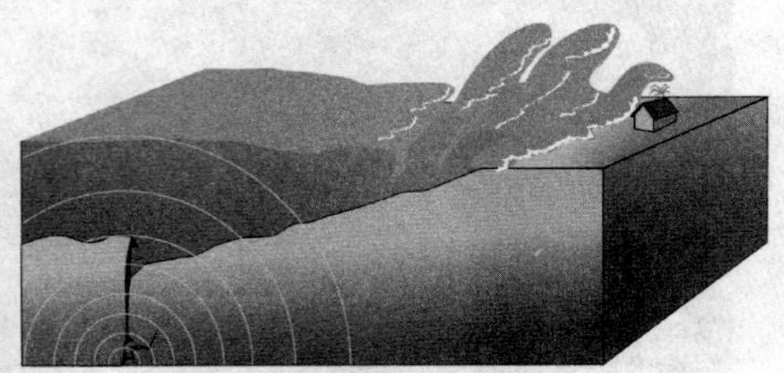

海啸的形成过程

2004 年 12 月 26 日，印度尼西亚苏门答腊岛以北的印度洋海域发生 8.7 级特大地震，并引发强烈海啸，东南亚和南亚数个国家受波及，造成总计 30 万人左右死亡和巨大的财产损失。这是世界近 200 多年来死伤最惨重的海啸灾难。

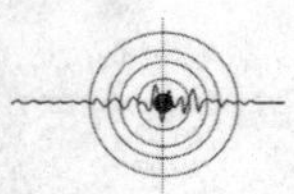

印尼 8.7 级地震引发的猛烈海啸

2011 年 3 月 11 日，日本东北部海域发生 9.0 级特大地震并引发海啸，造成数万人死亡或失踪。绝大多数遇难者是被地震引发的海啸夺去生命的。震后调查表明，此次地震引发的海啸浪高最高达到 24 米。

日本 9.0 级地震引发的强烈海啸

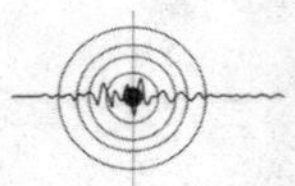

四、有害气体、核泄漏

大地震不仅会造成建筑物损坏倒毁、基础设施破坏和人员伤亡，还有可能使生产或储存有害物质的设备、容器或输送管道破损，造成有害物质在短时间内由此向周围泄漏扩散，造成大范围的人员伤亡。另外，核电站、核废料埋置区等核设施也可能因为地震造成核物质泄漏，给灾区造成严重的核辐射危险。唐山地震时，天津汉沽某化工厂，由于强烈的地面震动，氯气的阀门松口，氯气外溢，当时即有3名当班工人中毒，抢救无效死亡。

2011年3月11日，日本东北部海域发生9.0级特大地震，造成日本福岛第一核电站1～4号机组发生爆炸，在几天的时间内，福岛第一核电站外泄大量的放射性物质，核电站周边的土地难以继续使用。在随后的几个月，日本福岛核电站泄漏的放射性物质仍然在周边各国扩散。

日本9.0级地震造成福岛第一核电站1～4号机组发生爆炸

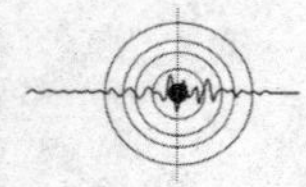

五、传染病疫情

强烈地震发生后，由于灾区水源、供水系统等均遭到破坏或受到污染，灾区生活环境严重恶化，所以极易造成疫病流行。例如，1556 年 1 月 23 日，我国陕西省华县发生 8.0 级特大地震，史载，死亡人数“奏报有名者”达 83 万之众。实际上直接死于地震的只有 10 万多人，其余 70 余万人均死于瘟疫和饥荒。而在社会主义的新中国，震后传染病疫情已得到有效的控制。例如，1976 年唐山 7.8 级大地震发生时正值炎热的夏季，却创造了“大灾之后无大疫”的人间奇迹，次年春季流行传染病发病率比常年还低。

小贴士：地震灾害的分级

地震灾害等级有不同的划分方法，一种方法是按照死亡人数和经济损失为指标，划分如下：

（1）一般地震灾害。造成 20 人以下人员死亡或一定经济损失的地震灾害；发生在人口较密集地区 5.0～6.0 级地震所造成的灾害。

（2）较大地震灾害。造成 20～50 人的人员死亡或较大经济损失的地震灾害；发生在人口较密集地区 6.0～6.5 级地震所造成的灾害。

（3）重大地震灾害。造成 50～300 人的人员死亡或重大经济损失，且地震直接经济损失不超过该省（自治区、直辖市）上年生产总值 1%的地震灾害；发生在人口较密集地区 6.5～7.0 级地震所造成的灾害。

（4）特别重大地震灾害。造成 300 人以上人员死亡，或地震直接经济损失占该省（自治区、直辖市）上年生产总值 1%以上的地震灾害；发生在人口较密集地区 7.0 级以上地震所造成的灾害。

第三章　地震测防

经过几十年的实践，我国的防震减灾工作逐渐形成了符合我国国情和适合地震灾害特点的工作内容和思路，已经从单纯采取震后救灾的消极被动状态转变为综合开展震前主动防御，目的是最大限度地减轻地震灾害。

第一节　地震监测

地震监测是对地震发生及与地震发生有关的现象进行监视和观测。地震监测分为两类：一是专业监测，指专业的地震台站的监测，主要用监测仪器监测地震微观信息；二是群众性监测，如通过浅水井、水温、动物、植物活动异常等进行客观观测，捕捉地震短临前兆现象。

候风地动仪

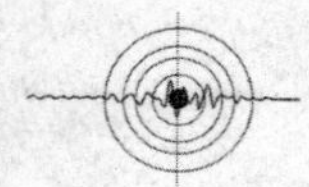

小 贴 士： 张衡和候风地动仪

我国地震监测的历史较为久远。早在东汉时期，科学家张衡（公元 78～139 年）就发明了世界第一台测定地震方位的仪器——候风地动仪。张衡将其安置在都城洛阳。它有八个方位，每个方位上均有一条口含铜珠的龙，在每条龙的下方都有一只蟾蜍与其对应。任何一方如有地震发生，该方向龙口所含铜珠即落入蟾蜍口中，由此便可测出发生地震的方向。

起初，满朝文武都不相信这台地动仪能够测出地震的方向。公元 138 年 3 月 1 日（汉永和三年二月初三日），地动仪朝向西北方向的铜珠突然落了下来，掉进下面的蟾蜍口里。可是，洛阳居民谁也没有感觉到地震。几天后，陇西驿者日夜奔驰来京师，报告陇西地震，二郡山崩（震级约为 6.5 级）。陇西正好在洛阳的西北方向。

在事实面前，大家都不得不承认候风地动仪的灵验，佩服张衡的发明。

地震学家通过对地震活动异常，地壳发生的微小形变，重力场的改变，地电场和地磁场、地下流体的变化等进行检测，对一些常现象进行判定，然后依据获取的信息，判断地球内部某个地方是否存在能量积累，是否出现应力加剧，是否有发生强震的危险，从而探索地震发生的规律。这就好比我们每个人定期到医院检查身体，医生通常要利用仪器对我们进行血压测量、做心电图、X 光透视等，然后依据获取的信息诊断身体状况一样。

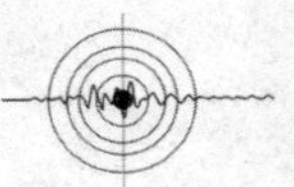

一、地震专业监测

（一）地震专业监测概述

地震专业监测是指专业的地震台站的监测。要想获得长期、连续、可靠的地震活动信息，为地震预报科学研究服务，就必须建立覆盖大面积区域的地震台网，利用观测仪器进行长时间的精密监测。地震台网是一个由各级地震监测台站所构成的监测网络。地震台网的监测数据由各台站定时发往地震数据处理及分析中心。数据处理及分析中心负责数据的收集、整理、编辑和储存以及对数据的综合分析研究。

地震台网按管理的层级，可以分为国家台网、省台网、市县台网，一些油田、矿山、水库、化工等重大建设工程还设有专用台网。主要包括测震台网、前兆台网和强震台网。通过测震台网，在地震发生后，我们可以很快知道地震发生的时间、地点和震级。目前，我们可以在10分钟内完成全球地震速报，国内地震可在几分钟内完成速报。前兆台网是对地球各种形变场、物理场和化学场进行观测的台站的总称。人们通过监测，以期捕捉可能的地震前兆，为地震预报和预测研究服务。强震台网利用仪器来测量和记录地震现象和效应，即记录地表的地震运动过程和地震反应过程。大震或有感地震发生后，台网系统快速进行地震动强度（一般用烈度等参数表示）速报，为政府地震应急反应决策、震害快速评估和工程建设提供科学依据。

我国从1897年建立台北地震台开始到1930年，先后建立了20多个地震台。但这些地震台都是帝国主义列强在其划分的势力范围内建立的。1930年，在北京鹫峰山建立了由中国人自行设置的第一个地震台。新中国成立后，地震事业有了很大的发展。20世纪五六十年代，我国先后建立了20多个地震台。1966年邢台地震后，我国的地震台建设加快了步伐。1971年成立了国家地震局（现中国地震局的前身）。经过40多年艰苦卓

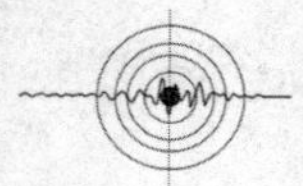

绝的努力，地震台网已具规模。目前，我国地震观测技术广泛应用了电子、无线电传输和数字化等高新技术，已建成 1200 多个各类现代化的监测台，近 2300 个观测站，基本消除了地震监测盲区，实现了地震监测数字化、网络化和自动化。

（二）地震监测设施和观测环境

地震监测设施和观测环境是地震监测工作的基础和条件，各类观测仪器多安装在地震台上。这些仪器对观测环境要求十分严格，只有保护好地震监测设施和地震观测环境，才能保证观测仪器的正常运转和高精度记录。

地震监测设施就是地震观测的各类仪器，主要包括以下几个方面：地震监测仪器、设备和装置；供地震监测使用的山洞、仪器房、观测井（水点）、井房、观测线路、通信设施、供电设施、供水设施、专用堤坝、专用道路、避雷装置及其附属设施等；地震监测台站、台网中心、中继站、遥测点等用房；地形变、地磁、重力、地电测线和测点的测量等地震监测标志及其保护设施、测量场地以及专用道路等；地震监测专用无线通信频段、信道和通信设施等。

地震观测环境是指按照地震监测设施周围不能有影响其工作效能的干扰源的要求，划定的保护范围。《中华人民共和国防震减灾法》和《地震监测管理条例》都对地震监测设施和观测环境的保护做了规定。国家依法保护地震监测设施和地震观测环境。任何单位和个人都有依法保护地震监测设施和地震观测环境的义务，对危害、破坏地震监测设施和地震观测环境的行为有权举报。

在地震监测设施和观测环境保护范围内禁止从事下列活动：

（1）进入地震台（站）进行影响地震监测工作的活动，或者拆除、损坏、违规移动地震台（站）建筑、设备、设施；

（2）在已划定的地震观测环境保护范围内从事爆破、采矿、采石、钻井、抽水、注水；

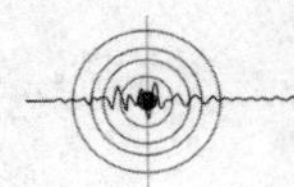

（3）在测震观测环境保护范围内设置无线信号发射装置、进行振动作业和往复机械运动；

（4）在电磁观测环境保护范围内铺设金属管线、电力电缆线路、堆放磁性物品、金属重物以及切断、损坏观测线路和地下设施，设置高频电磁辐射装置；

（5）在地形变观测环境保护范围内设置有碍测量、观测的障碍物、干扰物或者擅自移动地震观测标志及进行振动作业；

（6）在地下流体观测环境保护范围内堆积和填埋垃圾、进行污水处理、打井同层抽水或者注水；

（7）在 GPS、遥测地震观测环境保护范围内架设高压输变电设施、线路，设置无线电发射装置、电磁辐射装置；

（8）在观测线和观测标志范围调置障碍物或擅自移动地震观测标志；

（9）危害、破坏地震台（站）监测设施及其观测环境的其他行为。

《中华人民共和国防震减灾法》规定，侵占、毁损、拆除或者擅自移动地震监测设施的，以及危害地震观测环境的，由国务院地震工作主管部门或者县级以上地方人民政府负责管理地震工作的部门或者机构责令停止违法行为，恢复原状或者采取其他补救措施；造成损失的，依法承担赔偿责任：单位有以上违法行为，情节严重的，处二万元以上二十万元以下的罚款；个人有以上违法行为，情节严重的，处二千元以下的罚款。构成违反治安管理行为的，由公安机关依法给予处罚。

二、地震群测群防

（一）地震群测群防概述

地震仪器是对微观异常进行观测，对于一些可能与地震发生有关的宏观异常现象的观测，完全依靠专业队伍进行是不现实的。地震监测中，广大群众对宏观异常现象的观测，发挥了

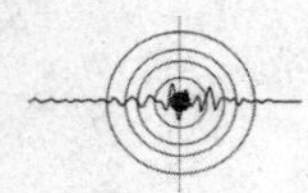

专业队伍难以代替的作用。

地震群测群防就是群众性的测防，是地震部门组织专业队伍以外的力量，配合专业队伍开展地震监测、预测和地震灾害防御工作。1966年邢台地震后，周恩来总理在地震预测预防问题上强调指出：要群策群力，不仅要有专业队伍，还要有地方队伍和接受专业队伍指导的群众业余队伍。从此，地震群测群防工作得以开展，在20世纪70年代得到较大发展，在80年代成型。

我国地震群测群防工作发展到今天，和1966年邢台地震时的群测群防的概念已有很大的不同。当时的地震群测群防主要是群众的宏观监测、预测。随着时代的发展，社会对防震减灾工作提出了新的更高的要求，地震群测群防工作也被赋予了新的时代内涵：一个是群测，就是群众性的监测、观测；一个是群防，就是群众性的预防、防御。通过在乡（镇）村设置地震宏观测报点和防震减灾助理员，开展宏观异常测报、防震减灾宣传、震情灾情的收集上报、社区地震应急、乡村房屋抗震设防指导和监督等工作。

地震群测群防工作，是我国整个防震减灾工作不可或缺的重要组成部分，起着十分重要的作用。

——捕捉宏观异常现象。当今国内外地震预报探索的主要方面在于短临预报，而在短临预报尚无确定的前兆指标情况下，只能靠获得比较可靠的、数量众多的宏观异常现象帮助分析研究。地区性地震宏观测报点和懂得地震知识的群众由于面广、量大，起着专业台站起不到的特殊作用，他们熟悉观测环境，能够获得较专业台站丰富得多的信息。

——在紧急情况下能带动周围群众做出应急响应。临震异常发展急速，有的只有一两天，甚至只有几小时。唐山地震没有作出预报，但是地震即将来临时，有许多人感觉到异常：有的听到周围响起“呜呜”的声音，有的感觉是老牛在吼叫，有的

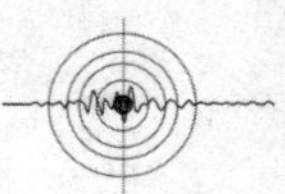

看到雪亮的闪光。只有群测群防，才可以在短暂的时间内核实异常，并做出应急反应。

——防震减灾宣传教育。宣传的目的是要提高全社会的防震减灾意识和能力。广大农村是防震减灾的薄弱地区，群测群防队伍分布广，遍布基层，宣传的时间较为自由，形式可以多种多样，场所条件要求不高，街头巷尾皆可行，有利于把防震减灾知识宣传大众化、经常化。

——震情和灾情速报，为政府提供救援依据。地震发生后，地震的有感范围、人们的反应、人员伤亡和财产损失等情况的快速上报，是政府采取救援措施和维护社会安定的依据。破坏性地震发生后，震区群测群防人员最先感知震情和灾情。他们可在不同地点对当地震情、灾情做出较为直接的判断，并将情况及时上报，有利于政府部门在短时间内收集、汇总各种信息，做出科学决策。我国很多中强地震发生后的震情和灾情资料都是通过群测群防人员来收集和上报的。2008年5月12日，汶川地震发生后，国务院迅速启动了震情和灾情调查工作。群测群防队伍量大、面广、掌握第一手资料的特点得到了充分发挥，在震后数小时内，群测群防人员高效、准确地完成了此项工作，为政府及时掌握人员伤亡情况，科学合理地调动分配救援力量，提供了重要的决策依据。

——最先开展应急救援。地震灾害现场人员伤亡严重，被埋压人员众多，情况复杂，早期救助对抢救生命、减少伤残和死亡具有关键性作用。群测群防队伍对实施灾民自救与互救的作用不可低估。破坏性地震发生后，在专业救援人员到达之前，第一时间迅速组织自救、互救十分关键，可以最大限度地减少人员伤亡，也是最直接、最快捷、最有效的方法之一。群测群防队伍具有分布广、数量多、行动快及熟悉环境等方面的明显优势，常常可以成为震区紧急救援的骨干力量，组织群众迅速开展救援活动，挽救生命；组织人员紧急疏导，维护震区社会

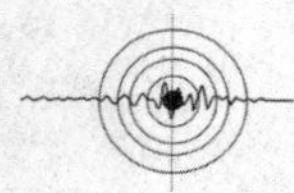

秩序，防止灾害扩大。据统计，汶川地震发生后，从废墟中生还的8.4万人中约有7万多人是靠群众性自救与互救而获救的。

（二）正确识别宏观异常现象

地震发生前，人们通过各种感官（视觉、听觉、嗅觉等）会直接感觉和观察到的与地震有关系的一些反常现象，如动物生活习性和行为的异样表现，花草树木不合时令地开花结果，井、泉水等的异乎寻常的涨落变化等。这些宏观异常现象表现形式很多，而且复杂。根据国内外有关资料，异常的种类多达几百种，异常现象多达上千种，大体可分为地下水异常、生物异常、植物异常、气象异常、电磁异常、地声、地光等。

这里介绍几种常见的宏观异常现象：

——井水、泉水突然发浑、冒泡、翻花、升温、变色、变味、突升、突降，泉源突然枯竭或涌出等。

——动物异常。蚂蚁、蜜蜂等昆虫，对大震前的次声和超声振动会很敏感；有些鱼类对大震前水电位场变化会出现异常反应；在强烈地震发生前，许多穴居动物和家畜也会有明显异常反应。

地震前动物异常表现（一）

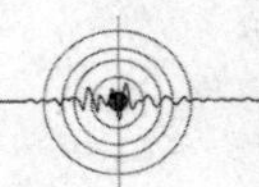

地震前动物异常表现（二）

地震前部分动物异常表

动物种类	一般表现的异常现象
牛、马、驴、骡	惊慌不安，不进厩，不进食，乱闹乱叫，打群架，挣断缰绳逃跑，蹬地，刨地，行走中突然惊跑
猪、羊	不进圈，不吃食，乱叫乱闹，拱圈，越圈外逃
狗、猫	狂吠不休，哭泣，嗅地扒地，咬人，乱跑乱闹，叼着幼崽搬家；警犬不听指令，惊慌不安；猫叼着猫崽搬家上树
兔	不吃草，在窝内乱闹乱叫，惊逃出窝
鼠	白天成群出洞，像醉酒似的发呆，不怕人，惊恐乱窜、叼着小鼠搬家
蛇	冬眠蛇出洞在雪地里冻僵、冻死，数量增加，聚集一团
鱼	成群漂浮，狂游，跳出水面，缸养的鱼乱跳，头尾碰出血，跳出缸外，发出叫声，呆滞，死亡
鸭、鹅、鸡	白天不下水，晚上不进架，不吃食，紧跟主人，惊叫，高飞上树
蟾蜍	成群出洞，甚至跑到大街小巷
蚂蚁、蜜蜂等昆虫	在严冬季节惊慌搬家，不回巢

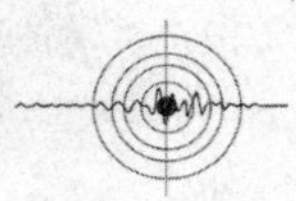

青海玉树地震前鱼非常好捕

——植物异常。在地震的孕育过程中，总伴随着大地一系列的物理和化学变化，其中一些变化可能会改变植物的生长环境，从而使植物在震前出现异常现象。例如，唐山大地震前，某竹林的竹子突然大面积开花衰败，松树叶也大面积地掉落。此外，一些植物还会出现重花重果、带果开花和非正常死亡等异常现象。

有些地震前，还可能出现地光、地声。

地光

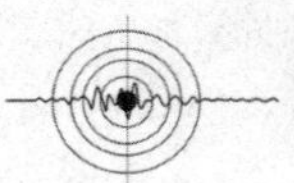

地声

在对宏观异常现象观测中，农民朋友要注意以下几点：

一是宏观异常是地震临震预报的重要参考，但不是必然依据。也就是说，自然界中的各种宏观异常现象可能由多种原因造成，这些宏观异常现象并非都与地震有对应关系。有些宏观异常虽然也很显著，以前从没有见过，但也可能与未来地震无关，而是由当地当时某些特殊原因造成的，所以必须谨慎对待。例如，井水和泉水的涨落可能和降雨的多少有关，也可能受附近抽水、排水和施工的影响；井水的变色变味可能因污染引起；动物的异常表现可能与天气变化、疾病、发情、外界刺激等有关。还要注意，不要把雷声误认为地声，不要把燃放烟花爆竹和信号弹、闪电和施工现场在夜间的电弧光现象当成地光。因此，除了识别异常外，还需要做更深入、细致的分析研究才能得出定论。

二是不同类型的地震，震前可能会有不同的宏观异常表现，有些地震震前宏观异常不明显，甚至没有常见的宏观异常现象出现。

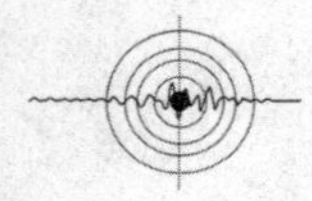

由此可见，虽然宏观异常对地震预报有参考价值，但还不能够作为是否要发生地震的判断标准。

那么，如果我们在日常生活中发现了宏观异常现象，是该惊慌失措，急忙逃离，还是该毫不在意，置之不理呢？

事实上，这两种做法都是不可取的。

《中华人民共和国防震减灾法》第二十七条规定：观测到可能与地震有关的异常现象的单位和个人，可以向所在地县级以上地方人民政府负责管理地震工作的部门或者机构报告，也可以直接向国务院地震工作主管部门报告。国务院地震工作主管部门和县级以上地方人民政府负责管理地震工作的部门或者机构接到报告后，应当进行登记并及时组织调查核实。

法律之所以做出这一规定，是在保障公民依法享有参与防震减灾权利的同时，也应当履行相关义务，即在观察到宏观异常现象时，应及时将这一情况报告给有关地震部门，而不应当盲目做出“有震”预报，造成社会恐慌，扰乱正常生产生活秩序。法律也对防震减灾主管部门的职责及办事程序作了明确的规定。因此，一旦发现异常的自然现象，不要轻易做出要发生地震的结论，更不要惊慌失措，而应弄清楚异常现象出现的时间、地点和有关情况，保护好现场，向地震部门或当地政府报告，让地震部门的专业人员调查核实，弄清楚事情真相。

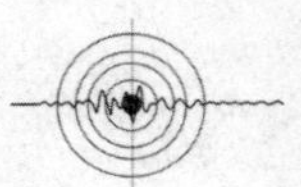

第二节 地震预报

地震预报是指向社会公告可能发生的地震的时域、地域、震级范围等信息的行为，即对未来地震的发生时间、地点和震级作出预报。

地震预报按时间可作如下划分：

地震长期预报，指对未来10年内可能发生破坏性地震的地域的预报。

地震中期预报，指对未来一二年内可能发生破坏性地震的地域和强度的预报。

地震短期预报，指对3个月内将要发生地震的时间、地点、震级的预报。

地震临震预报，指对10日内将要发生地震的时间、地点、震级的预报。

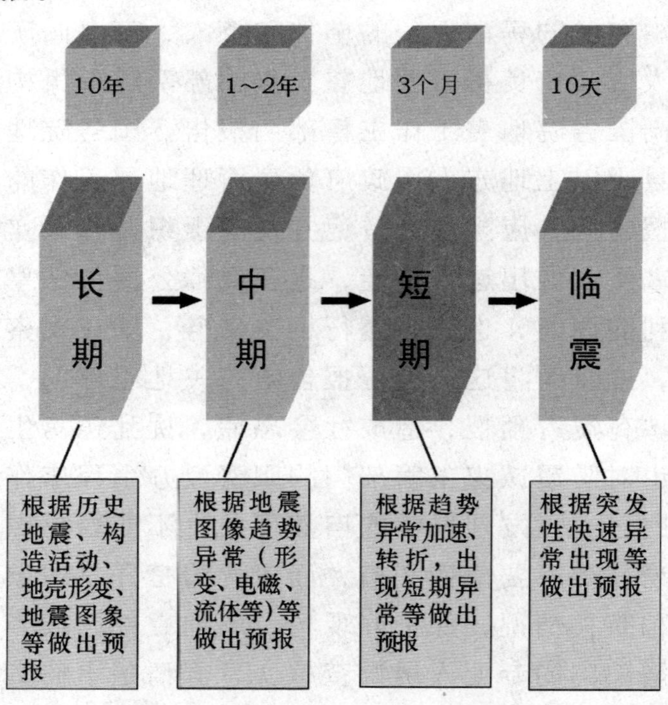

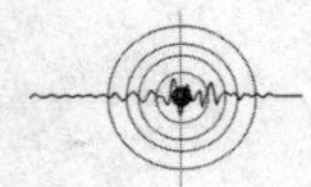

地震如果可以较为准确地被预报出来，我们就可以赢得时间，应对突发性和毁灭性的地震灾害，最大限度地降低损失。

一、目前地震预报水平

地震预报研究，在世界和我国大约都是从 20 世纪五六十年代才开始的。到目前，地震预报依然还是世界性的科学难题。

我国目前地震预报水平的状况可以概括为：对地震孕育发生的原理、规律有所认识，但还没有完全认识；能够对某些类型的地震做出一定程度的预测预报，还不能预报大部分地震，尤其是群众关心的短临预报成功率还很低。至今我们的认识能力和科技水平还没有达到应有的高度，地震预报还远远没有做到像天气预报那样准确。

那么，地震预报究竟难在哪里呢？

从科学角度讲，对于一个具体地区来说，大的地震发生一次基本上是几百年甚至上千年，而人类有仪器观测地震的历史不过上百年，地震观测资料还非常有限。地震发生在数千米到数十千米的地下，所谓“上天有路，入地无门”，我们现在还不能深入高温高压的地球内部架设仪器进行直接观测，只能通过在地表地震台站的观测推断地下发生的变化。地震孕育过程非常复杂，在不同地区有不同的地震类型，就如同“兵无常势，水无常形”一样，地震预报经常遇到“震无常例”的困难。以上情况决定了地震科学研究的水平还是非常低，解决地震预报问题还有很长的路要走。从社会角度讲，社会对地震预报的要求是必须有较高的精度和准度，如果预报错误，会造成工业停产、商店停业、人员流动给交通增大压力等不良影响，给经济社会造成不必要的损失，因而在没有充分的科学依据的情况下，地震预报发布需十分谨慎，这也增大了地震预报的难度。

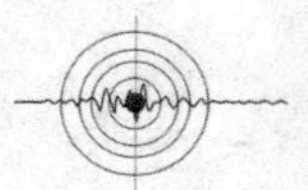

二、我国发布地震预报的规定

地震预报发布是一项涉及人民生命财产与社会安定的十分严肃的科学问题，具有广泛而重大的社会影响。因此，我们国家对地震预报意见实行统一发布制度。《中华人民共和国防震减灾法》第二十九条规定：全国范围内的地震长期和中期预报意见，由国务院发布。省、自治区、直辖市行政区域内的地震预报意见，由省、自治区、直辖市人民政府按照国务院规定的程序发布。《地震预报管理条例》第十五条规定：已经发布地震短期预报的地区，如果发现明显临震异常，在紧急情况下，当地市、县人民政府可以发布 48 小时之内的临震预报，并同时向省、自治区、直辖市人民政府及其负责管理地震工作的机构和国务院地震工作主管部门报告。第十六条规定：地震短期预报和临震预报在发布预报的时域、地域内有效。预报期内未发生地震的，原发布机关应当做出撤销或者延期的决定，向社会公布，并妥善处理善后事宜。可见，在我国，地震预报发布的权限属于国务院和各级政府，是一种政府行为，而各级地震部门只有履行地震监测等工作的职责，无发布地震预报的权力。个人更没有发布地震预报的权力。

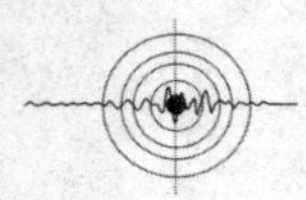

三、成功的短临预报离不开群测群防

前面讲过，群测群防队伍的分布面广、控制范围大，宏观观测网点多、密度大，群众熟悉当地的常年自然环境正常背景，便于监视和收集宏观异常情况，及时向上级地震部门汇报。1975年辽宁海城7.3级地震的预报，是人类历史上第一次作出的有减灾实效的预报，震惊了世界。此后，我国又成功预测了1976年5月29日云南龙陵7.3、7.4级地震，1976年8月23日四川松潘7.2级地震，1994年9～10月青海共和的多次5.0～5.9级强余震，1995年12月21日四川白玉5.5级地震，1998年11月29日云南宁蒗6.2级地震，1999年11月29日，辽宁岫岩5.4级地震等。这些预测预报中，群众收集上报的地震宏观异常立下汗马功劳，特别是在云南龙陵、辽宁海城、四川松潘等地震预报中起到了关键性作用。

小贴士：辽宁海城的7.3级地震成功预报

日期：1975年2月4日19点36分

地点：我国辽宁省海城、营口县一带（北纬40度41分、东经122度50分）

震级：7.3级

震源深度：16.21千米

烈度：震中烈度为9度强

死亡人数和损失：死亡1328人，造成的经济损失8.1亿元

关注点：成功进行了临震预报，有效地减少了人员伤亡。海城地震之前，先后发现467口井水位有升降变化，此外出现井水翻花冒泡、变浑、变味、变色、浮油花等现象总共449起。老百姓看见大冬天蛇出洞的情况。岫岩县哨子河公社油房沟生产队的养鱼池，在震前4小时，水从冰面上的通气孔中突然喷出，

水柱高达2米多。丹东市郊九连城公社套外三队的一口井在震前井水严重发浑无法饮用。

2月4日0点30分，辽宁省地震办公室根据2月1～3日营口、海城两县交界处出现的小震活动特征及群众上报的震前宏观异常增加的情况，向全省发出临震预报，提出小震后面有较大的地震，并于2月4日6点多向省政府提出了较明确的预报意见。4日10点30分，省政府向全省发出电话通知，并发布临震预报。

由于震前作出了短期预测和临震预报，省政府和震区各市、县采取了一系列应急防震措施，因而大大减少了人员伤亡。比如，营口县政府在震前采取了应急预防措施：①城乡停止一切会议。②工业停产，商店停业。医院一般患者用战备车送回家，少数重病患者留在防震帐篷里就地治疗。城乡招待所、旅社动员客人离开。③城乡文化娱乐场所停止活动。④各级组织采取切实措施做到人离屋、畜离圈，重要农机具转移到安全地方。

海城地震发生在现代工业集中、人口稠密地区。该区绝大多数房屋未设防，抗震性能差，地震又发生在冬季的晚上，按照当地农村多数人的习惯，震时已都入睡。在这样的情况下，如果事先没有预报和预防，人员伤亡和经济损失将十分惨重。

海城地震前电影院的防震通知

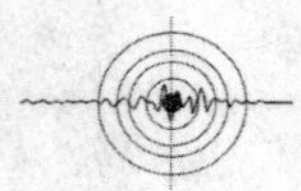

四、正确识别地震谣言

也许，你碰到过这样的情况，道听途说，某某地区几级地震将于某年某月某日某时降临，震中在某某地。这些传言扰乱了我们的生产和生活秩序，给我们正常生活带来影响。那么，它是真的吗？我们该如何正确识别地震谣言呢？

谣言，顾名思义就是“假信息”，或者说“没有事实根据的信息”。俗话说：“真的假不了，假的真不了。”只要我们学习掌握了防震减灾的基础知识，科学对待地震灾害，学会识别地震谣言，不信谣，不传谣，谣言就没有了“市场”。

（一）超过目前地震预报实际水平的信息不可信

目前，地震预报的水平是对一些类型的地震可以进行某种程度的预测，较大时间尺度的中长期预测预报有一定的可信度，但临震预报的成功率低。因此，只要是地震三要素十分“精确”的所谓地震预报意见，如地震发生的时间、地点和震级非常具体，甚至发震时间精确到“上午”“晚上”，震级精确到几级等，都是地震谣言。

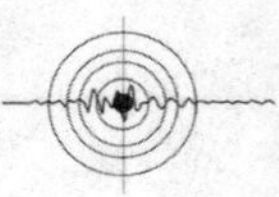

（二）有意渲染权威人士或机构色彩的信息不可信

在我国，地震预报实行政府统一发布制度，其他任何单位和个人都无权发布地震预报。如果某一地震信息声称是由“某某知名专家”、“某某地震部门”发布的，那肯定是谣言，不可相信。

（三）跨国地震预报不可信

跨国地震预报是地震谣言常用的伎俩。这不符合国际间的约定，也不符合我国关于发布地震预报的规定。这种谣言有时会带有一定的政治色彩，需要警惕防范，有时也是一种恶作剧。

（四）预测依据不可信

地震预报是世界性的科学难题，有的大地震之前会伴有动物、植物、地下水、气象等一系列的宏观异常现象。但仅凭上述宏观异常现象，并不能预测未来一定时期会发生地震。也就是说，异常现象的出现和地震的发生并不是一对一的关系。

此外，还有一些谣言对地震后果过分渲染。特别是强震发

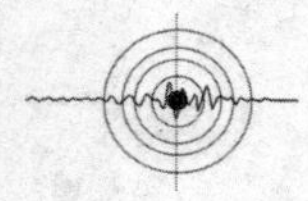

生后，常会出现“某个地方将要下陷”“某个地方要遭水淹”等等传言，也是不可信的。

第三节　农村家庭防震准备

常言说：“有备无患，震时不乱。”为了应对突发性地震灾害，有效减少农村每个家庭的人员伤亡和财产损失，平时就要做好一些震前准备。那么，作为社会细胞的家庭，应做好哪些准备来预防地震灾害呢？

一、准备应急包

为了预防地震等突发性灾害的来临，平时在家里面应该准备一个应急包，以备紧急情况下使用。别小看这个小小的应急包，在关键时刻就会发挥大的作用。应急包内应放以下物品：

（一）应急类物品

应急类物品主要包括哨子、手电筒、口罩、便携式收音机、方便食品、瓶装水、雨衣、电池、火柴或打火机、卫生纸等。

哨子的主要用途是，万一被埋或被困，可以用吹哨子的方式呼救或对外联络，既节省体力，声音传播得还较远。

地震时，电力供应往往会中断，特别是在夜晚发生的地震，震后转移时，手电筒就会起到很大的作用。

口罩可用于地震造成灰尘或烟雾弥漫的场合，用来阻隔烟尘的熏呛，保护口、鼻和呼吸系统。

在和外界通信受阻时，通过收音机就可以及时收听到关于灾情和救援的情况，以稳定心情。

方便食品要挑选不需冷藏、即开即食、少含或不含水分的固体食品，如饼干、方便面等。

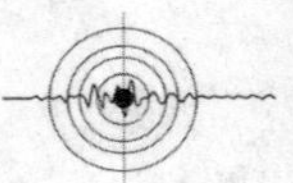

（二）医药品

医药品包括止血药、止疼药、止痢药、感冒药、消毒液、抗生素等急救药品，以及创可贴、消毒酒精、纱布、绷带等。

另外，如果有可能，还可以准备下面这些物品：应急逃生绳、安全帽、强化手套、硬底鞋、野炊炉具、应急灯、刀或开罐头器、内衣、笔和本、帐篷或睡袋等。

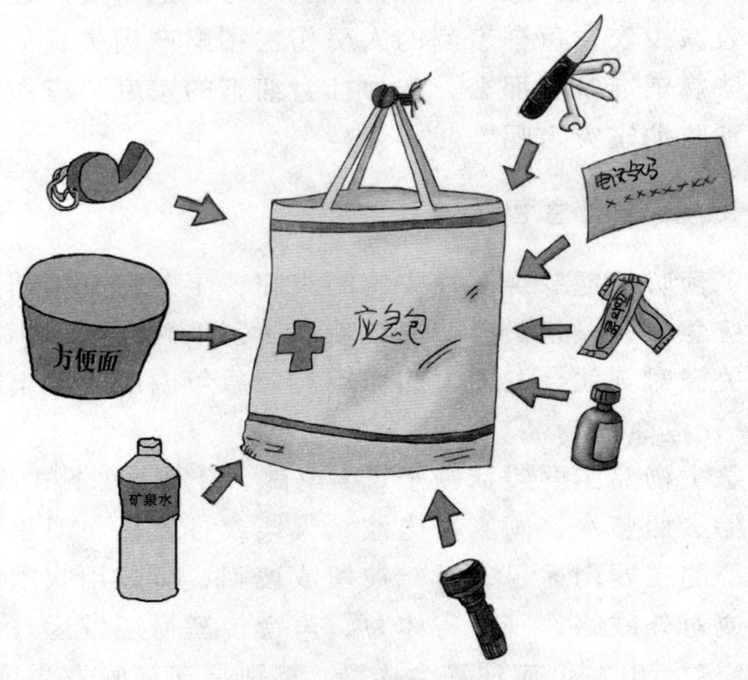

应急包中的物品

二、检查家居，扫除隐患

地震时，室内家具、物品的倾倒、坠落等，常常是致人伤亡的重要原因，因此家具物品的摆放要合理。

清理杂物，让门口、过道畅通，便于震时从室内撤离。

高大家具要固定，顶上不要放重物；组合家具要连接，固定在墙上或地上。

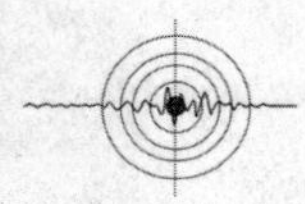

橱柜内重的东西放下边，轻的东西放上边，做到“重在下、轻在上”。把阳台护墙、护栏上的花盆及其他物品拿下，防止地震时坠落。

此外，床的位置要避开外墙、窗口、房梁，选择室内坚固的内墙边安放；床的上方，不要悬挂金属和玻璃制品及其他重物。

放置好家中的危险品，包括易燃品（煤油、汽油、酒精、油漆等）、易爆品（煤气罐、氧气包、氧气瓶等）、有毒品（杀虫剂、农药等），这些物品极易引起地震次生灾害，要妥善存放，做到防撞击、破碎、翻倒、泄漏、燃烧和爆炸。

此外，一些重要的家庭文件和物品要放好，如家里的备份钥匙、现金、银行卡、银行账户号码、家庭记录（出生证明、结婚证明、死亡证明等）、家庭所有成员的近期照片等，以保证震后容易找到。

不要在窗台上放花盆和杂物，以防掉落伤人

三、家庭应急演练，自如应对震灾

2005年11月26日，江西九江发生5.7级地震。此次地震

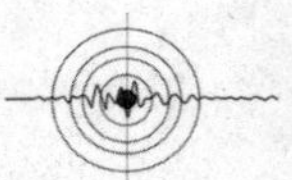

九江市共死亡12人，其中5位儿童，7位成人。有关专家在灾后调查时发现，死亡的12人中，绝大部分并非直接被震塌的房屋压死，而是由于防震知识的空白，在震时慌不择路、盲目逃生，有的跑到房檐下，有的躲在建筑物密集的地方，被附近屋顶掉落的砖瓦、墙头上震毁的女儿墙等砸死。

因此，当发现房屋开始摇晃时，第一时间就能知道去哪儿躲避非常重要。如果在地震发生前就做好了准备和演习，我们和家人就能在察觉震感的第一时间，及时、正确地做出反应。防震演练可以让我们知道如何应对地震。

震时避险，很多事情要在极短时间内和困难的条件下完成，包括避险、撤离、联络等，通过家庭演练，能很好地检验家庭的防震准备工作，提高应急避险技能。

（一）一分钟紧急避险

地震强度可设为一次破坏性地震。假设地震突然发生，在家里怎样避震？地震发生时全家人在干什么？避震方式是室内避震，还是室外避震？根据每人平时正常生活环境，确定避震位置和方式。

演练结束后，可以计算一下时间，是否达到紧急避震的时间要求，总结经验，修改行动方案后再做演练。

（二）震后紧急撤离

假设地震停止后，如何从家中撤离到安全地点，撤离时要带上应急包，家里的年轻人负责照顾老年人和小孩，要注意关上水、电、气和熄灭炉火。

（三）紧急救护演练

掌握一些伤口消毒、止血、包扎等知识，学习人工呼吸等急救技术，了解骨折等受伤肢体的固定，以及特殊伤员的运送、护理方法。

此外，可以召开家庭会议，制定自家独特的应急方案，具体内容应包括以下几个方面：

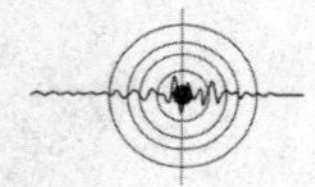

确定家庭成员集合处——就是约定发生地震时（后），从屋内撤离到屋外的安全地点。安全地点最好选两处，第二处作为备选，当第一处因各种情况不能到达时，就去第二处。

确定家庭紧急联络人——在本地和外地各选择一位“家庭紧急联络人”。这样，地震发生后，家庭成员如果走失，可以通过此两位固定的联络人取得联系。

基本家庭应急方案
家庭成员集合处：
集合处电话：
地址：
家庭紧急联络人：
电话：

准备家庭成员信息卡——为每位家庭成员准备一张信息联络卡（老人和儿童尤其必需）。上面记录本人的名字、家庭地址、家庭其他成员、联络电话、年龄、血型、既往病史等信息。信息卡注意每年更新，并在家庭紧急联络人处备份。将“家庭紧急联络人”的号码和常用报警号码贴在家中电话机上或近旁。有了家庭成员信息卡，在震后救援中，我们就方便寻找家人和施救。

<table>
<tr><th colspan="6">家庭成员信息卡</th></tr>
<tr><td>姓名</td><td></td><td>年龄</td><td></td><td>血型</td><td></td></tr>
<tr><td colspan="3">家庭住址</td><td></td><td>电话</td><td></td></tr>
<tr><td colspan="3">家庭其他成员</td><td></td><td>电话</td><td></td></tr>
<tr><td colspan="3">家庭紧急联络人</td><td></td><td>电话</td><td></td></tr>
<tr><td colspan="6">既往病史</td></tr>
</table>

四、用防震减灾知识守护生命

我国农村防震减灾工作比较薄弱，农民群众对如何预防地震、地震来了怎么办等方面的知识了解不多。一次破坏性地震发生后，农村伤亡人数和财产损失往往都很严重。因此，掌握一些实用的防震减灾知识是十分必要的。

“五·一二”汶川地震中，一些本可逃生的人，却由于缺乏防震减灾知识遭遇了不幸。北川一位羌族老妈妈震时离房门口只有一步远，可她没想到朝外跑，而是躲藏在一堵墙下用双臂紧紧护住自己的孙子，后来祖孙俩都被埋在了废墟里。在青川沙州镇有5个孩子本来已在房屋破坏前逃了出来，可是他们躲在了一堵墙下，结果被倒塌的围墙砸死。距他们一步之遥就是开阔的街道，可惜孩子们没有避震的基本知识。

绵竹市土门镇向阳村地震测报员雷兴和在5月12日下午2点多去观测井察看时，发现了井房边上养鱼池中池水翻涌、大量鱼跳出水面的宏观前兆异常现象，凭着强烈的测报责任感与多年的测报经验，他立即大喊：“地震了，快跑啊！”老雷一声大吼，促使全村80多位村民跑出屋外，紧接着大地震发生了，多数房屋倒塌，但村内无一人伤亡。

这些事例告诉我们，有无防震减灾知识和意识，效果大不一样。只有掌握了防震减灾知识，才能在震时更好地保护自己和救助他人。

获取防震减灾知识的渠道很多，除了书籍、互联网外，在防震减灾宣传活动中，可以通过宣传场所的挂图、免费发放的宣传小册子等资料学到知识。在我国广大农村，一些地方还设有地震安全农居技术服务站，有意愿了解防震减灾知识和抗震安全农居基础知识的村民，随时可以到服务站调阅浏览。

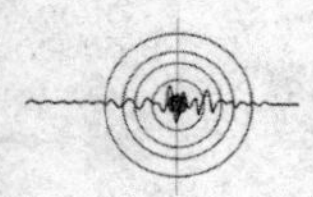

小贴士：地震的远近和大小

地震有大有小，有远有近，不同大小、远近的地震造成的破坏程度不同，采取避险的方法也不同。远震、小震不用担心，近震、大震才需要避险。因此，地震发生时，人们应沉着冷静，注意判断地震的大小、远近。

远震和近震的区别是：近震先上下颠簸，后左右或前后摇晃；远震无上下颠簸，为长周期地左右或前后摇晃。

大震和小震的区别是：小震感觉不到上下颠簸，仅感觉到轻微的极短的左右或前后晃动，有的仅感觉到被推了一下。大震先上下颠簸，后左右或前后摇晃；震级越大，颠簸、摇晃幅度越大、时间越长。大地震发生时，有时还会出现一些难以想象的现象，如强烈的地声、怪异的地光、难闻的地气等。

第四章　建设抗震安全农居

建设抗震安全农居是加强新时期防震减灾工作的重要举措，是坚持以人为本，把人民群众生命财产安全放在首位的具体体现，是建设社会主义新农村、构建和谐社会的客观需要。

第一节　农村民居地震安全工程概述

一、我国农村民居地震安全工程的发展历程

长期以来，我国农村经济相对落后，大部分农村地区村镇规划未考虑抗震安全问题，农村民居基本不设防，大多数建筑物不仅建筑材料质量不高，设计建造水平也比较低下，房屋抗震性能与城市房屋相差悬殊。在农村，5.0 级地震就可能使民居造成相当数量的破坏和倒塌，地震安全问题十分突出。统计表明，1990～2000 年我国 109 次地震灾害中，农村地区因房屋破坏造成的经济损失是最主要的部分，大约占到总经济损失的 70%～90%，有的甚至为 100%。

2003 年，中国科学院和中国工程院长期从事地震科学研究和工程抗震研究的 18 位院士，联名向国务院提出启动“农村民

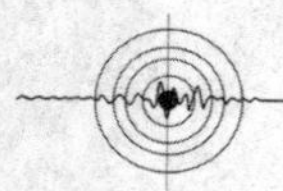

居地震安全工程，提高民居抗震能力”的建议。该建议得到温家宝总理等国家领导人的高度重视。针对我国农村民居抗震能力薄弱的现状，2004 年国务院下发了《关于加强防震减灾工作的通知》，对推进农村民居地震安全工程提出了具体要求。

农村民居地震安全工程优先选择有政府性补贴的扶贫工程、生态移民、水库移民、征地安置、灾区重建等统一规划建设的村镇或有统一规划建设能力的村镇作为示范点。农居地震安全示范点，由政府提供资金和政策上的扶持，统一规划设计，对农民进行农居抗震防震知识宣传和技术培训，建立农村防震抗震技术服务网络，为抗震安全农居建设提供长期的法规、技术咨询、知识普及等各种服务，开展农村建筑工匠培训等。通过这些措施，增强广大农民群众防震减灾意识，全面提高农村民居抗御地震灾害的能力，确保在遭遇 6.0 级左右破坏性地震时，不会造成房屋倒塌和重大人员伤亡。

传统农村房屋在地震中易受损坏

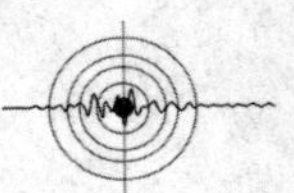

经过努力，农村民居地震安全工程在全国各地逐步展开，新疆、云南、河南、甘肃、四川、海南等地进入全面实施阶段，取得了可喜的成绩，有效提高了农村抗御地震灾害的能力。

二、我国抗震安全农居经受了大震检验

新疆维吾尔自治区政府自 2004 年起全面实施农村民居地震安全工程。2005 年 2 月 15 日新疆乌什发生 6.2 级地震，乌什县 2470 户群众的 10 万平方米抗震安居房无一倒塌或受损。在离震中最近、受灾最为严重的英阿瓦提乡，倒塌房屋 60 间，但都是年久失修的土坯房，2004 年以后建造的抗震安居房没有受到明显影响。这表明新疆城乡农村民居地震安全工程通过地震考验。地震多发区的农民看到了这个事实后，争先恐后地要求建造抗震安居房。农居地震安全工程的社会效益初见成效，这项工程被当地人民称为“民心工程”。

2008 年 5 月 12 日四川汶川发生 8.0 级特大地震，甘肃省文县临江镇东风沟村、武都区外纳乡李亭村和稻畦村等村庄遭受到了地震烈度为 8 度的破坏。由于实施了农村民居地震安全工程，在附近村庄破坏十分严重的情况下，这些村庄所有民居完好无损。

2006 年 6 月甘肃省陇南市文县 5.0 级地震后，省政府和陇南市政府积极协调统筹灾后恢复重建资金，将农村民居地震安全工程落实到灾区恢复重建规划和具体的重建项目中，完全按照农村民居地震安全工程标准进行规划、设计和施工。在重建中按照地震部门提供的当地抗震设防要求进行设防，委托具有设计资质的勘察设计单位进行设计，在施工上通过招投标方式，选择正规工程队和农村建筑工匠共同施工，严格按照设计图纸和建筑抗震设计规范及重建工作要求进行施工，并由城建、地震等相关部门对工程建设进行基础、主体、竣工等环节的监理和验收。汶川地震后，所有重建农居基本完好无损，发挥了很

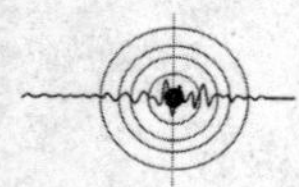

好的示范带动作用。

事实胜于雄辩。抗震安全农居经受了大震检验，大大减轻了地震灾害造成的损失，充分说明了建造地震安全农居，对减轻地震灾害的积极作用。对大量的农村民房，采用“因地制宜、简易有效”的措施，防止“墙体倒塌、屋盖下砸”，就可以达到“避免死亡，减少伤害”的目的，有效地减少人员伤亡和经济损失。

三、我国实施农村民居地震安全工程的相关政策

目前，我国农村地区经济正在以较快的速度增长，社会各项事业正在全面发展，农村民房正在进入一个更新换代的新高潮，与此同时，也对农村民居地震安全工程提出了更高的要求。实施农村民居地震安全工程，政府主要举措有：

（一）制定农村民居地震安全工程建设规划

一些地区的政府部门围绕统筹城乡发展的总体要求，在充分考虑农民切身利益的基础上，制定了本地区农村民居地震安全工程建设规划，并纳入了当地国民经济和社会发展规划。

（二）加强村镇建设规划和农村建房抗震管理

按照统一规划、合理布局、科学选址、配套建设的原则，使农民建房避开地震断裂带和滑坡、泥石流、塌陷、洪水等自然灾害易发地段。对统一建设和改造的民居，按照有关技术标准进行抗震设防，明确施工和验收的要求，加强工程质量监管，确保抗震工程质量。

（三）加强农村民居抗震技术实用化研究开发

地震、建设等部门针对各地农村民房和建筑材料的特点，充分考虑农民的经济承受能力，开展了一些农村民居实用抗震技术研究开发，制定了农村民居建设技术标准，编制了适合不同地区、不同民族、不同需求的农居抗震设计图纸和施工技术指南，有的地区向建房农民免费提供。地震部门还在一些地区

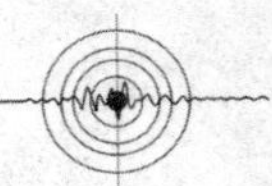

开展了地震环境和场地条件勘察，为农居建设确定抗震设防要求提供科学依据。

（四）开展农村建筑工匠防震抗震技术培训

一些地区，还开办培训班、学习班，普及抗震设防技术，培养了一大批掌握农村民居抗震基础知识和操作技能的农村建筑工匠。这些工匠，都能够把学到的抗震技术运用到农村民居的建设当中，保证了农村民居的抗震设防质量。

农村建筑工匠培训

（五）建立农村防震抗震技术服务网络

一些市、县（市、区）政府成立了农村民居地震安全工程服务组织，一些乡（镇）政府设有负责农村民居地震安全工程管理服务工作的专门人员，建立了技术服务站，逐步形成能长期发挥作用的农村防震抗震技术服务网络。在指导农民对现有房屋进行加固、提高农村民居抗震能力方面起到了重要作用。

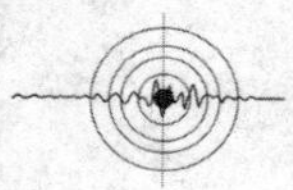

农村建筑技术服务站

（六）组织建设农村民居地震安全示范点

我国许多地方按照“试点先行，逐步推开”的原则，选择有条件、有代表性的地方，采取示范区、示范村和示范户等多种形式实施农村民居地震安全工程，新建、改造和加固了一批安全实用且对周围农民有吸引力的样板农居，发挥以点带面和典型示范作用，带动农村民居地震安全工程全面实施。

（七）加强农村防震减灾教育

普及防震减灾科普知识，倡导科学减灾理念，也是农村民居地震安全工程的重要内容。引导广大农民群众崇尚科学、破除迷信、移风易俗、主动掌握防震减灾技能，提高广大农民群众的防震减灾素质，也是我国建设农村民居地震安全工程的重要举措。

四、实施农村民居地震安全工程的重大意义

在地震时，避免因建筑物的严重破坏或者倒塌而带来的人

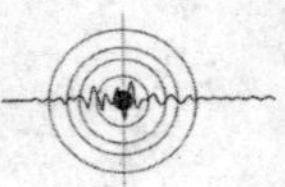

员伤亡和财产损失，是农村防震减灾工作的首要任务。在广大农村，公用建筑和农民自建住房的抗震设防仍十分薄弱，抗震能力普遍低下，地震安全问题突出。

实施农村民居地震安全工程是建设社会主义新农村、造福广大农民群众的民心工程。实施好这项工程，对于增强农村民房抗震防灾能力，改善农民居住条件，提高农民生活质量和水平，促进全国城乡经济及社会协调发展都具有十分重要的意义。

第二节 建设抗震安全农居的基本要求

一、观念需扭转，抗震最关键

我们农民朋友有了钱，第一件事情干什么？盖房子！改革开放 30 多年来农村掀起的几轮盖房热潮证明，中国农民的建房积极性一直没有低落过。但是，在民居建造过程中还存在许多必须纠正的错误观念。

（一）不重视隐蔽工程

地基、钢筋、梁、柱及砌体等工程在房屋建筑中属于隐蔽工程，是决定房屋整体抗震性能的关键因素。但是由于农民对这些知识接触不够，并且普遍不加以重视，认为只要外观漂亮就行，因此，在农村建房中，存在着隐蔽工程所用材料强度不高、规格尺寸不符合规定、基础埋置浅和抗震构件设置短缺等问题。

（二）建房还是老习惯

虽然部分村民有抗震设防意识，也看到了地震对民居的危害，但是因建房习惯和经济等因素，不愿投入过多财力和精力去建设合乎抗震设防要求的民居。在农村，以下现象普遍存在：一是抗震柱、圈梁运用不合理，墙体没有同时咬槎砌筑，有些地区甚至极少运用抗震柱和圈梁；二是同一墙体使用两种不同

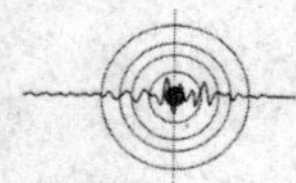

的材料，不少地区的农房采用内层土坯外层砖的里生外熟做法，由于材料规格和强度不同，导致墙体两张皮，地震中破坏严重；三是盲目攀比房屋的高度，片面追求大空间、大开窗，窗间墙宽度很窄仅有 490 毫米甚至 370 毫米，一层高度达到 3.7 米（不应超过 3.3 米），二层的高度达到 3.5 米（不应超过 3 米左右）；四是建筑材料不过关，将不符合抗压要求的砖用在承重结构上，使房屋丧失了应有的强度。五是不重视施工环境、主体养护环境，寒冷季节施工不加防冻剂等。

这些现象在农村住宅建设中普遍存在。一旦地震发生，农居很容易被破坏。

（三）建筑施工不监督

建房户选择建筑队更多考虑的是熟人、价格两个方面，而很少考虑建筑质量和建设过程的管理。建筑队的水平差异，导致一些农村民居质量差，抗震能力低下。在施工现场没有人监督施工，施工人员不使用设计图，使得房屋建筑存在的质量问题不能及时被发现和处理。

其实，建筑物的抗震设计不会花很多钱，有些防御措施甚至不花钱，但是防灾效果却非常明显。如果建造一处住宅从一开始就严格按照抗震要求去做，那么我们的房屋几乎是可以抗御大地震的，而落实这些抗震措施所花的钱是非常值得的。让我们转变过去“宁肯花棺材钱，也不愿花预防钱”的传统观念，树立居安思危、防范忧患的意识，建造真正具有抗震能力的房屋。

二、场地选择好，破坏可减少

如何建造真正具有抗震能力的房屋呢？那就要从抗震选址和抗震设计上下功夫了。

选址不正确，即使房屋设计再坚固，面对地震来临，也是白费功夫。地震中由于选址不当导致建筑物倒塌的原因有以下两

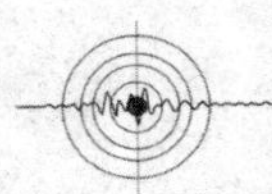

点：一是房屋建在了地震断层上；二是由于场地原因出现土地液化、喷砂冒水、山崩、滑坡、泥石流等引起的建筑物破坏。

房屋建在断层上

河岸陡坡

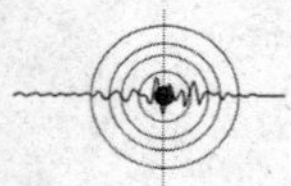

砂土地液化

那么，哪些地方不适合我们建房呢？

在突出高耸的山丘上，地震作用会更为突出；在不稳定的山坡边缘，地震时容易产生滑坡和岩石崩塌；在古河道上、古湖泊沉积物上，地震时容易产生沉陷；软弱及易产生液化的土层，在地震时容易产生土地液化和软土塌陷，具体的场地震害表现为喷砂冒水和地基沉降，严重时会造成地基失效和房屋倒塌；活断层通过的场地，会因为地震活动断层的错动而摧毁位于断层上的一切建筑物。因此，这些地方是不适合建房的。

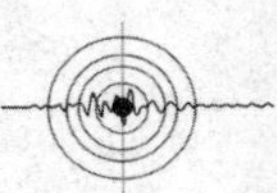

不要在地震断裂带及其附近建房

不要在江河、岸边等地势低洼的地方建房

软弱或不均匀的
场地不宜建房

不要把房子建
在这些地方

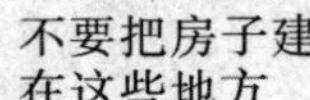

应依山顺势而建，不
要过多地挖土填方

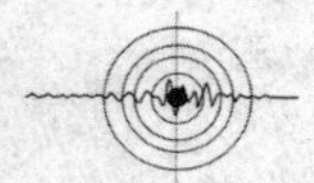

不宜选择的建房场地

因此，建议农民建房最好选择地势平坦、开阔、土层密实、均匀稳定的有利地段。

小贴士：汶川地震中最"牛"的农村民居

在汶川特大地震中高原村备受关注，被称为汶川地震中最"牛"的农村民居。高原村地处汶川地震的极震区内。龙门山中央主干断裂从高原村背后山腰通过，地震时造成的水平错动位移超过 3 米，距离高原村农村民居直线距离不超过 100 米。在高原村的正前方不到 200 米的二级阶地上，还有一条水平位移和垂直位移都不少于 2 米的次级断裂通过。处于这样极其恶劣的地质环境中，高原村附近的住宅、桥梁及其公共设施等均遭受到了毁灭性破坏，而高原村的 38 套农村民居却完好无损，无

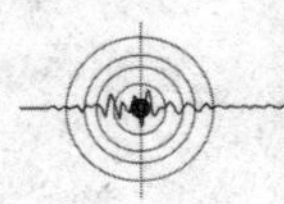

一遭受中度以上破坏。这些农村民居之所以“牛”，是因为在建设选址时合理避让活动断层，严格按抗震设防要求进行设计，房屋整体规则，门窗大小适中、合理，地基经过了严格处理，并设置有多道圈梁和构造柱。

三、结构要简单，布局要合理

设计房屋时，其结构布置要合理。简单、规整的房屋在遭受地震时破坏相对较轻或不易破坏。

（一）房屋形体要整齐，并尽可能简单

房屋平面要规整，最好为方形或矩形。相邻房屋之间应设防震缝，防震缝是较为规则的结构单元，是为减轻或防止相邻结构单元因地震作用引起的碰撞而预先设置的间隙。多层砖混结构房屋，为防止地震破坏，可以使用防震缝将房屋分成若干形体简单、结构刚度均匀的部分。对于农村结构较为复杂的一至三层民居，可沿建筑全高设置 70～100 毫米的防震缝。

房屋立面应力求规则、连续，房屋不要建得太高，降低房屋重心，屋顶要轻。多层砖房的高宽比不宜过大，地震烈度 6～7 度时高与宽的比例小于或等于 2.5，8 度时高与宽的比例小于或等于 2.0。

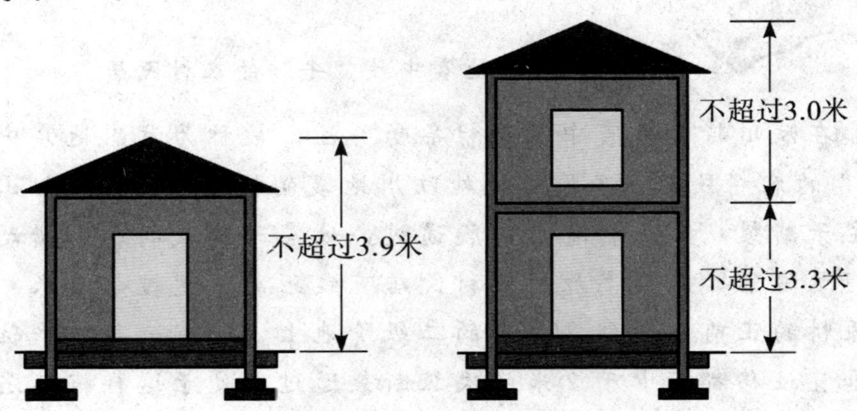

房屋布局要合理

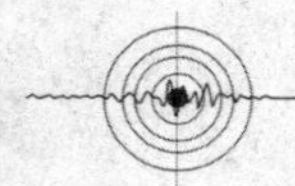

（二）墙体布置要合理

房屋开间不宜过大。若要建成长方形，其长度应设计为宽度的两倍半为宜。多设横墙，优先采用横墙承重体系，承重墙尽量少开洞。墙体布置应均匀、对称，在平面内对齐，竖向上连续。同一轴线上，窗间墙的宽度宜均匀；抗震横墙的间距不应超过规定的限值。

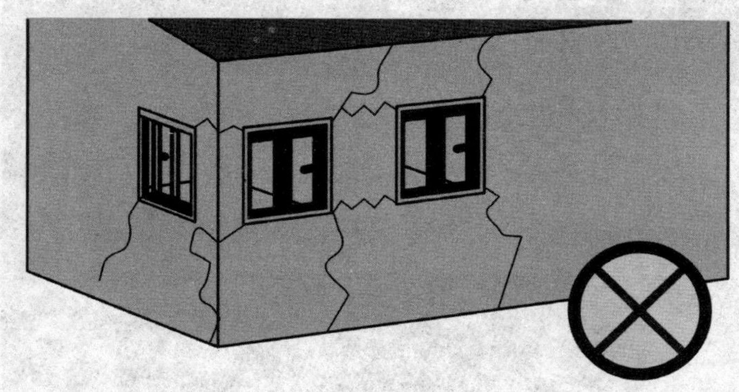

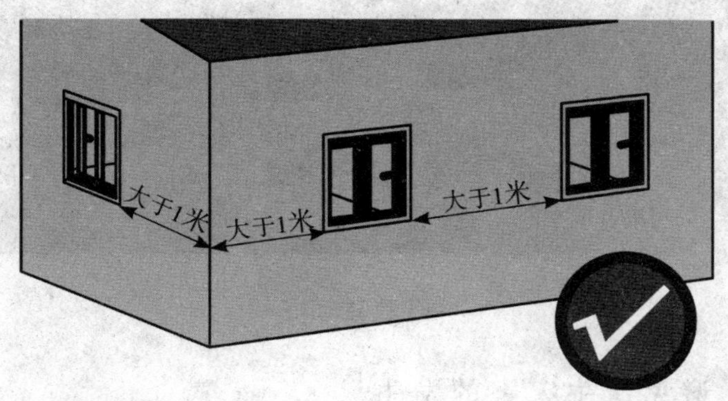

窗间墙布局合理

（三）不做或少做既笨重又不稳定的装饰性附属物

农村房屋建设，习惯上会加一些装饰性的附属物，如女儿墙、高门脸等。如果这些附属物不采取有效的抗震措施，地震中很容易倒塌，造成人员伤亡。

门脸过高

（四）避免次生灾害的发生

对房屋附近的配电设备、线路及供排水管道应合理规划，并采取加固措施；房屋应尽量远离地震时易发生火灾、爆炸、污染等次生灾害的工厂、仓库。

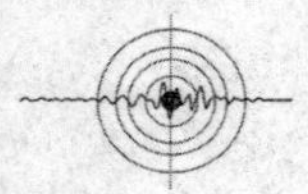

小贴士：防震房屋小谚语

● 砖包土坯墙，抗震最不强。

● 酥在颠劲上，倒在晃劲上。

● 女儿墙，房檐围，地震一来最倒霉。

● 地基牢一点，离河远一点；墙壁好一点，连接紧一点；房子矮一点，房顶轻一点；布局合理点，样子简单点。要想再好点，互相多学点。

四、连接要牢固，整体性要好

建筑物的各部分，包括砖混架构房屋的上下圈梁、承重框架结构，土木结构房屋的屋架与檩条、屋架与立柱、屋架与墙体等之间只有连接成一个牢固的整体，地震时框架和木屋架才不容易倾倒落架，从而起到共同抗御地震破坏的效果。墙壁上开门窗洞要恰当，不要在靠近房屋拐角处开大洞，墙体之间也要连接牢靠，四周墙体形成一个整体，发挥墙体的抗震作用。

五、施工高质量，抗震有保障

科学的抗震设计必须通过合理的施工得以体现，把好房屋建设质量关，同样是减轻地震灾害的重要环节。因此，农民朋友要当好自己新建房屋的监理。

目前建筑队伍素质参差不齐。建房时，应该请那些接受过专业指导、综合素质较高的正规施工队伍，严格按照抗震设计进行施工，杜绝偷工减料行为，保证建设工程的质量。要求施工方严格按照施工图纸和施工规范施工，不能图省事、赶时间而简化工序，盲目应付。保证施工用料质量，应该购买正规厂家生产的经检验合格的产品，绝不留下隐患。

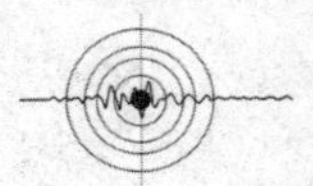

第三节　抗震安全农居的施工

施工是将设计实施，是“照着葫芦画瓢”。如果一个完整的抗震设计，在施工中没能完全按照设计要求来体现，那将会对建筑的抗震能力产生很大影响。

一、我国农村民居主要类型及抗震性能

在我国农村地区，目前采用的主要建筑结构类型有砖木结构、砖混结构、土坯房、窑洞等。个别地方框架结构已开始逐步使用，条件允许的话，鼓励使用框架结构。

（一）砖木结构

砖木结构是以砖墙承担结构主要荷载的建筑物。砖木结构房屋中承重结构的墙、柱采用砖砌或砌块砌筑，屋架用木结构，多为单层建筑。因该结构建造简单，取材方便，费用较低，所以一直在我国农村广泛使用。如果砖木结构布局合理、整体性较强，是可以具备很好的抗震能力的。

砖木结构房屋在地震中的损坏

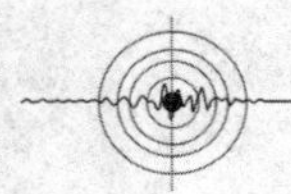

（二）砖混结构

砖混结构是指建筑物中竖向承重结构的墙、附壁柱等采用砖或砌块砌筑，柱、梁、楼板、屋面板、桁架等采用钢筋混凝土结构。随着农村生活水平和居住条件的提高和改善，砖混结构房屋在农村建房中普及开来。但砖混结构房屋如果结构不合理，抗震构造措施不足，就会存在抗震隐患。由于其重量较大，一旦地震中倒塌，造成的人员伤亡会比木结构、砖木结构严重。

砖混结构房屋在地震中的损坏

（三）土坯房

土坯房是以泥土、稻草、麦秸、木材做原料，用泥土混合稻草、麦秸等做墙，以木材做屋架。成墙方法主要有两种：一是做好墙脚后（一般以石为墙脚），将木做的模具置于上面，把泥土放入模具内，人工分段分层夯实成墙；二是手工做的土砖（多指没经烧制的土砖）砌墙而成的房子。土坯房抗震能力极差，目前已很少被使用。

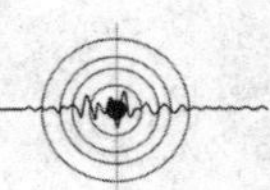

土坯房在地震中的损坏

（四）框架结构

框架结构是由梁和柱以刚性连接或铰接相连而构成承重体系的结构，由梁和架组成的框架结构来承受水平荷载和竖向荷载。房屋墙体不承重，仅起到围护和分隔作用，一般用预制的加气混凝土、膨胀珍珠岩、空心砖或多孔砖、浮石等轻质材料砌筑装配而成。框架结构整体性好，自重轻，设计处理好能达到很好的抗震效果。

钢结构框架

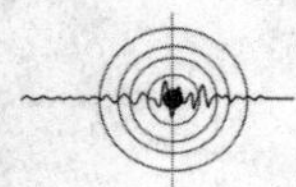

小贴士：房屋结构与抗震性能比较

钢结构：一般来说钢结构建筑抗震性能最好。钢结构质量轻，地震中承受的地震力小。在汶川地震整个震区，该类结构建筑物除几幢建筑围护墙有破坏外，绝大多数都基本完好。

框架结构：抗震性能仅次于钢结构。其破坏特点是非承重墙体出现剪切裂缝，底层柱头破坏，底层倒塌、损毁等。

砖混结构：由于其重量较大，是脆性材料，其抗拉、抗剪、抗弯强度均较低，所以房屋的抗震性能相对较差。

木结构：木结构材质韧性好，是用榫卯的方式进行连接和固定，结构整体性较好，承受的地震力小，在地震中要优于未设防的砖混结构。即使破坏，也不会完全倒塌造成大量人员伤亡。

土结构：包括土坯墙和夯土墙承重的结构。由于生土材料性能差，在6度区即开始产生破坏，7或8度区会产生大量的破坏和倒塌。

二、地基与基础的抗震处理

（一）地基的处理

首先考虑采用天然地基方案。当不能满足抗震要求时，再考虑采用人工地基加固处理方案。农民朋友建房时可以根据土质条件的不同，采用强夯法或置换法。

强夯法就是用夯锤对地基进行反复夯击，适用于处理碎石土、沙土、低饱和度的粉土与黏土、素填土和杂填土等地基。

置换法是指将基础下一定范围内的土层挖去，然后回填较大强度的沙、沙石或灰土等，并分层夯实。适用于浅层地基的处理，处理深度可达2～3米。淤泥、淤泥土质、湿陷性黄土、素填土、杂填土、暗沟等浅层软弱地基适用此法。换填材料可

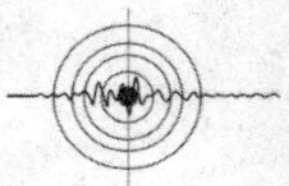

用中粗沙、碎石或卵石、灰土、素土、石屑、矿渣等。

（二）基础的处理

房屋的基础种类较多，我们可以根据场地条件、地基土质和建筑物的重量等情况，选择相应的基础。

1. 砖基础

砖基础适用于地下水位较深的场地，一般做成台阶梯形，适用于一二层房屋。

砂浆的强度用 M 表示。砌筑实心砖基础的水泥砂浆强度等级不应低于 M5，砖的强度用 MU 来表示，其等级不应低于 MU10，而且应高于上部墙体的砂浆和砖的强度。

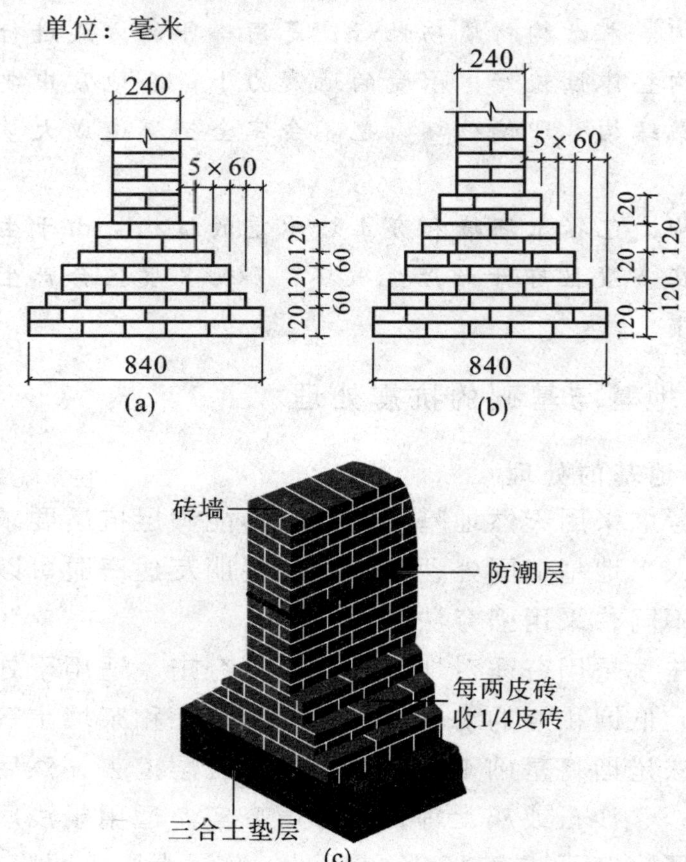

砖基础

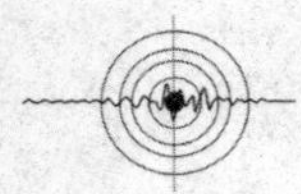

2. 石基础

石基础适用于浅基础低矮房屋。又分为毛石基础和料石基础，分别做简单介绍。

毛石基础主要以平毛石和乱毛石为材料，用水泥混合砂浆或水泥砂浆砌成。可以做成墙下条形基础或柱下独立基础，其断面形状有矩形、阶梯形和梯形等形状。基础顶面宽度应比墙体厚度至少大 200 毫米；梯形基础坡角应大于 60 度；阶梯形基础每阶高不小于 300 毫米，每阶挑出宽度不应大于 200 毫米。

料石基础是将毛料石或粗料石用水泥混合砂浆或水泥砂浆砌筑而成。料石基础可做墙下条形基础和柱下独立基础。阶梯形基础每阶挑出宽度不大于 200 毫米，每阶为一皮或二皮料石。

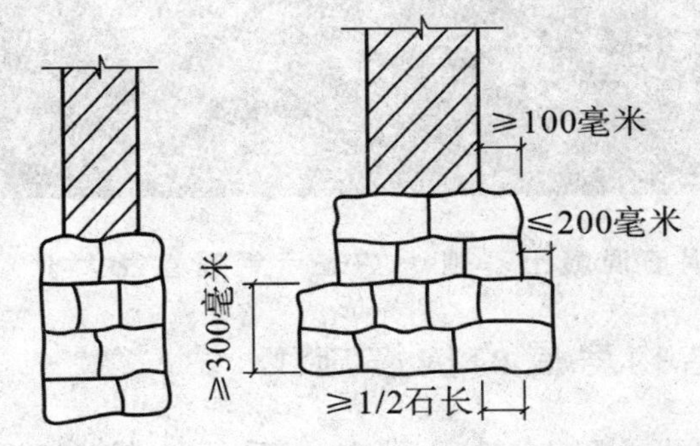

（a）矩形基础　（b）阶梯形基础

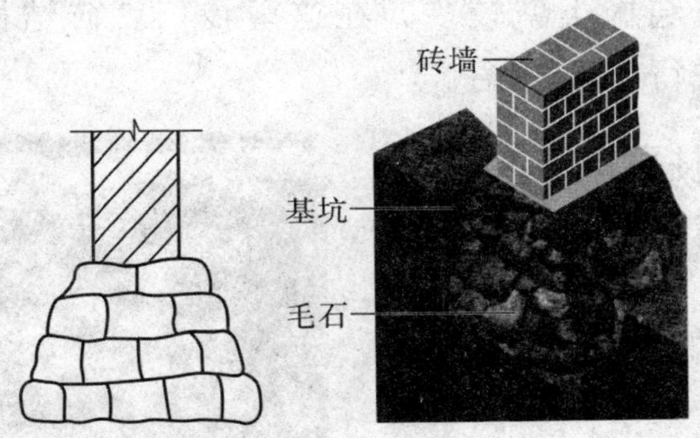

（c）梯形基础

石基础

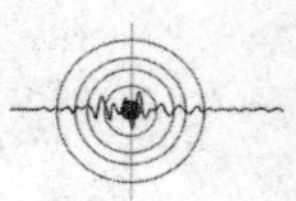

3. 钢筋混凝土基础

钢筋混凝土基础广泛应用于建筑领域，适用于各种形状的基础。制作工艺是先绑扎钢筋、支模板，最后浇注混凝土。具有承载力强、操作方便等优点。

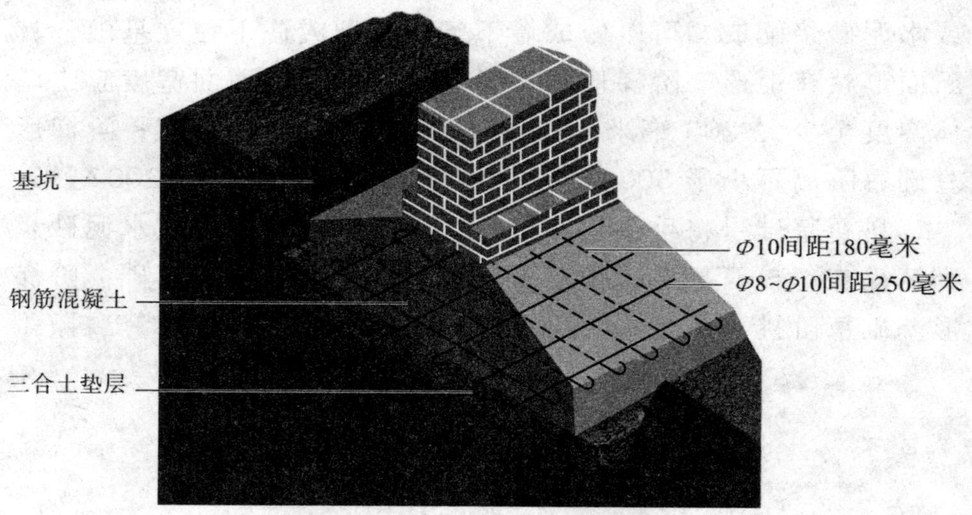

钢筋混凝土基础（Φ表示钢筋直径大小）

三、砖结构房屋的抗震施工

砖结构房屋是目前在我国农村采用比较普遍的一类房屋。由于它的建筑结构类型较多，在这里我们就砖结构房屋中常见的抗震措施进行一下介绍。

（一）选材要重视

这里的选材主要是指砖和砂浆的选择。砖结构房屋的主要承重结构就是砖，所以砖的形状、强度以及砌筑工艺直接决定了房屋的强度。砖的形状越规则，灰缝越均匀，砌体的强度就越高，房屋就越耐用。

砂浆质量差

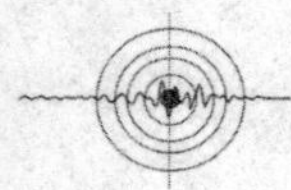

农民朋友在购买时不能图便宜购买强度不达标的砖和水泥。有的农民朋友图省事，自己用黏土掺沙搅拌成泥浆做黏合剂，此类砂浆黏结力很差，根本不具有抗震性能。

平时建房时以烧结普通黏土砖和烧结多孔砖居多，在选用时强度不应低于 MU10。

我们平时砌筑用的有水泥砂浆和水泥石灰砂浆，其强度不应低于 M5。水泥砂浆是由水泥、砂子和水搅拌而成，M5 的水泥砂浆重量配比为水泥：中砂：水=1：5.58：1.15，适用于对防水有较高要求的砌体，常用于地面以下如基础等的砌筑。水泥石灰砂浆又称混合砂浆，是在水泥砂浆中掺入了适量石灰，M5 的水泥石灰砂浆重量配比为水泥：石灰：中砂：水=1：0.56：6.84：8.95，一般用于地面以上墙体砌筑等。

砂浆质量差

（二）砌筑工艺要讲究

砌筑前，砖应当提前 1～2 天浇水湿润，并保证砌筑前表面风干。水泥砂浆和混合砂浆要分别在拌成 3 小时和 4 小时内使用完，超过规定时间未用完的不得使用。采用铺浆法时铺浆长度不得超过 750 毫米，气温超过 30℃时，铺浆长度不得超过 500 毫米。

灰缝应均匀、饱满，横平竖直。水平灰缝厚度宜为 8～12 毫米。砌筑时不得出现瞎缝、假缝、透明缝。

在墙上留置临时施工洞口，其侧边离交接处墙面不应小于 500 毫米，洞口净宽度不应超过 1 米。临时施工洞口应做好补砌。

墙、柱要错缝咬砌。为了保证墙体咬砌良好，内外墙最好同时砌筑。如果不能同时施工，宜放踏步槎，不要用马牙槎。

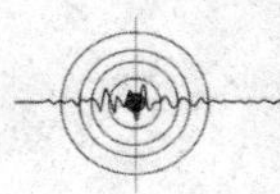

受力大的小断面砖柱，砌筑要精心，要砌实心柱，不留通天缝。

灰浆要饱满。砌筑墙、柱时，灰浆要饱满，不要用“带刀灰”（只在砖石边角抹灰浆），不要单纯地用砂浆和泥。要适当加水泥、石灰，以提高灰浆强度和黏结力。砖石表面要干净，这样才能使砖石与灰浆粘牢靠。

（三）构造柱的设置

构造柱是在边角和墙交接处，以及过长的墙的中间等位置浇注一些柱子，与圈梁结合，可大大增强砌体的抗震性能。

1. 构造柱的设置

（1）当层数和房屋高度接近或者大于砌体结构限定高度时，横墙内的柱间距一般不宜大于层高的 2 倍，不宜超过 5.4 米；纵墙内的间距一般不超过 3.9 米（外纵墙）和 4.2 米（内纵墙）。

（2）在开间较大、横墙较少的多层住宅中，横墙内的柱间距不宜大于层高，纵墙内的柱间距不宜大于 4.2 米。此外，所有纵横墙交接处和横墙中部也要设构造柱。

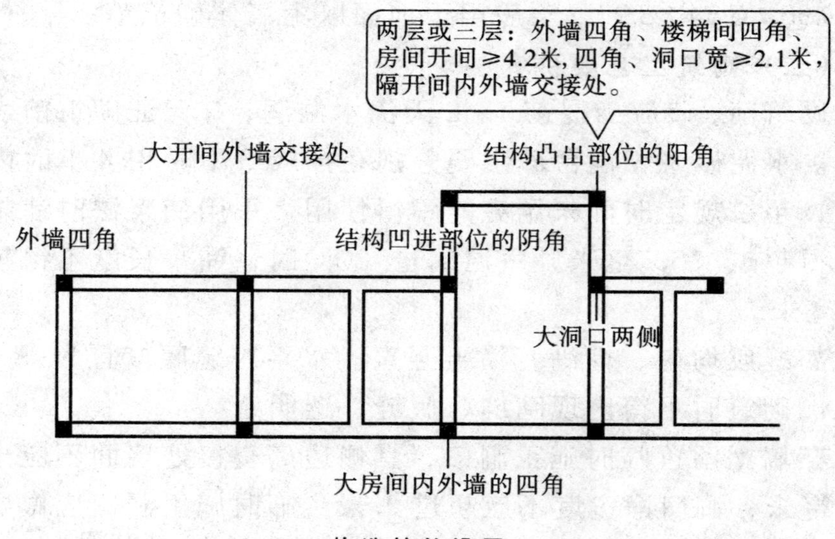

构造柱的设置

2. 构造柱的尺寸及配筋

（1）当抗震设防烈度为 7 度和 8 度时，构造柱截面尺寸为

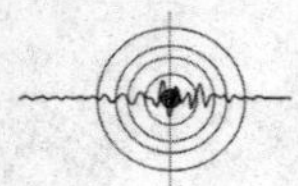

240 毫米×180 毫米，纵筋用 4Φ12（意思是 4 根直径为 12 的钢筋），箍筋用 Φ6 且间距不宜大于 250 毫米，在柱上下端应适当加密。

（2）设抗震防烈度为 9 度时，构造柱截面为 240 毫米×240 毫米，纵筋用 4Φ14，箍筋用 Φ6 且间距不宜大于 200 毫米，房屋四角构造柱可适当加大截面及配筋。

（3）构造柱应沿墙高每隔 500 毫米设 2Φ6 拉结钢筋，每边伸入墙内不宜小于 1 米。

3. 构造柱的连接

（1）构造柱与圈梁连接处，应贯穿圈梁以保证构造柱上下贯通。

（2）构造柱可不单独设基础，但要深入地面以下 500 毫米或与埋深于 500 毫米的基础圈梁连接。

（3）构造柱与墙体的结合面应砌成马牙槎，以保证与墙体的紧密结合。

4. 构造柱的施工

（1）多层砖房的构造柱应分层按下列顺序进行施工：绑扎钢筋、砌砖墙、支模、浇灌混凝土柱。

（2）在浇灌构造柱混凝土前，必须将砖砌体和模板浇水润湿，并将模板内的落地灰、砖渣和其他杂物清除干净。

（3）构造柱的混凝土浇灌可以分段进行，每段高度不宜大于 2 米。预制大梁、圈梁和柱的接头处，则必须在同一层内一次浇灌。

（4）钢筋应除锈、调直。对预留的伸出钢筋，不应在施工中任意弯折。如有歪斜，应在浇灌混凝土前校正到准确位置。箍筋应按要求位置与竖筋用金属丝绑扎牢固。

（5）在冬季施工时，要注意清除模板内和砖上的冰碴。混凝土外加剂的选择和掺量须按有关规定确定。对已浇好的混凝土，要采取保温措施，避免受冻。

（6）施工时应有防雨措施，下雨时不宜露天浇灌混凝土。

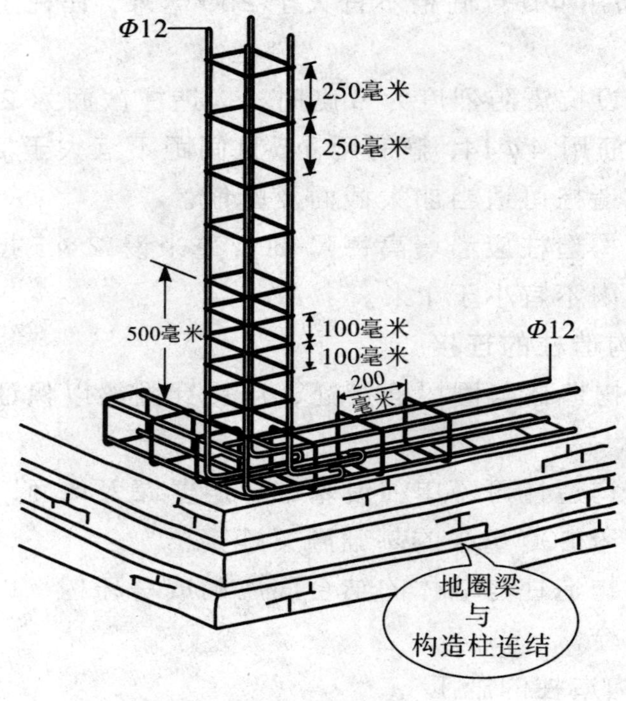

构造柱与圈梁的连接

砌完一层墙后和浇灌该层柱混凝土前，应及时对已砌好的独立墙片进行稳定支撑。必须在该层柱混凝土浇完之后，才能进行上一层的施工。

（四）圈梁的设置

仅在墙体的两端设置构造柱，而没有用圈梁将两边的构造柱连接，仍不能发挥构造柱在房屋抗震能力方面的作用。构造柱与圈梁共同工作，可以把砖砌体分割包围，当砌体开裂时能迫使裂缝在所包围的范围之内，而不至于进一步扩展。砌体虽然出现裂缝，但能限制它的错位，使其维持承载能力并能抵消振动能量而不易较早倒塌。下面我们就来介绍一下圈梁的设置。

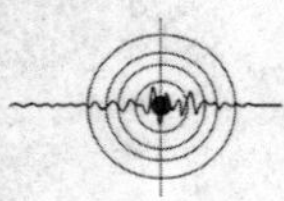

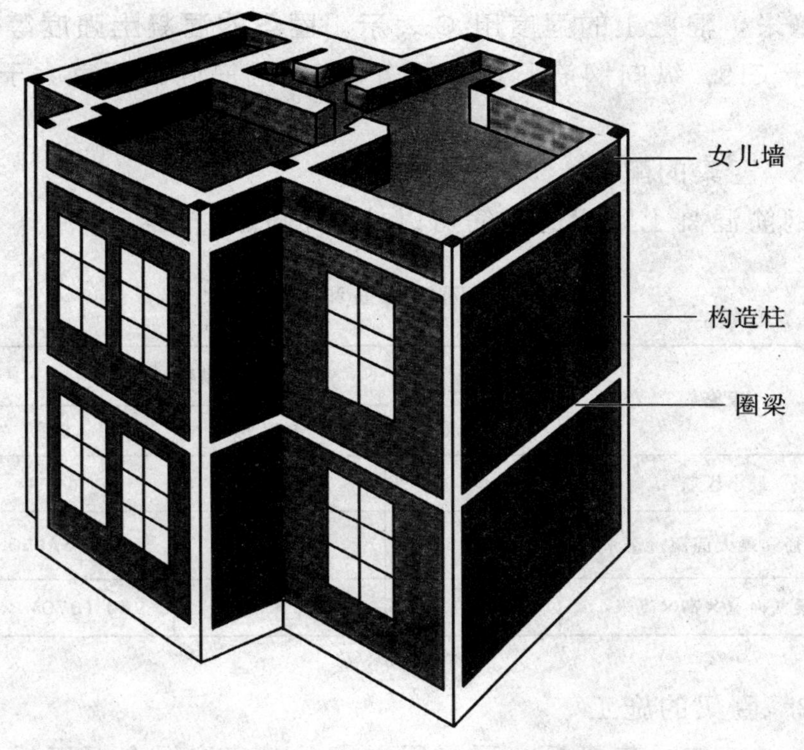

圈梁的设置

圈梁是在房屋的檐口、窗顶、楼层或基础顶面标高处，沿砌体墙水平方向设置为封闭状，并按构造配筋的混凝土梁式构件。

1. **圈梁的构造**

在多层砖房屋的基础和顶层檐口处应各设置一道圈梁，其他各层可隔层设置，楼梯间的墙体要层层设置。墙体上开洞过大超过 300 毫米时（如门窗部位）要设过梁。圈梁宜连续地设在同一水平面上，并形成封闭状。当圈梁被门窗洞口截断时，应在洞口上部增设相同截面的附加圈梁。附加圈梁与圈梁的搭接长度不应小于两者垂直间距的 2 倍，且不得小于 1 米。钢筋混凝土圈梁宽度宜与墙厚相同，当墙厚≥240 毫米时，其宽度不宜小于 2/3 墙厚，圈梁高度宜为每皮厚度的倍数，并应小于

120 毫米。混凝土的强度用 C 表示。圈梁的混凝土强度等级不宜小于 C15，纵向钢筋不宜小于 4Φ10，箍筋间距不宜大于 300 毫米。

2. 圈梁的配筋

钢筋混凝土圈梁的配筋可以按下表选择：

钢筋混凝土圈梁配筋和截面尺寸

配筋	抗震设防烈度		
	6～7 度	8 度	9 度
最小纵筋	4Φ10	4Φ12	4Φ14
箍筋直径和最大间距（毫米）	Φ6/250	Φ6/200	Φ6/150
圈梁截面宽×高×毫米	240×120	240×120	240（370）×120

3. 圈梁的施工

（1）首先是支模板。可采用木模板或定型组合钢模板。

（2）在模板内绑扎钢筋。按照抗震要求的间距，在模板上画好箍筋的位置，穿好受力钢筋后绑扎箍筋，圈梁钢筋应交圈绑扎，使成封闭形。在内外墙交接处、大角转角处的锚固拐入长度均应符合设计要求。

（3）圈梁和构造柱钢筋交接处，圈梁钢筋要放在构造柱内侧，锚入柱内长度应符合设计要求。

（4）圈梁钢筋的搭接长度，Ⅰ级钢筋搭接长度不少于 30d（d 为受力筋直径），Ⅱ级钢筋不少于 35d。搭接位置应相互错开，有绑扎接头的受力钢筋截面面积占受力钢筋总截面面积百分率应符合。同一截面受拉区不大于 25%，受压区不大于 50%。

（5）楼梯间、附墙烟囱、垃圾道及洞口部位的圈梁，钢筋需切断时应搭接补强，构造要符合抗震设计要求。标高不同的高低圈梁钢筋，其搭接或连接亦应符合设计要求。

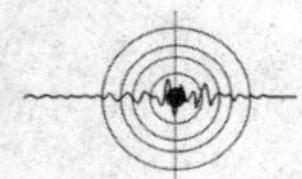

（6）圈梁钢筋绑扎完后应加垫水泥砂浆垫块，以控制保护层厚度。

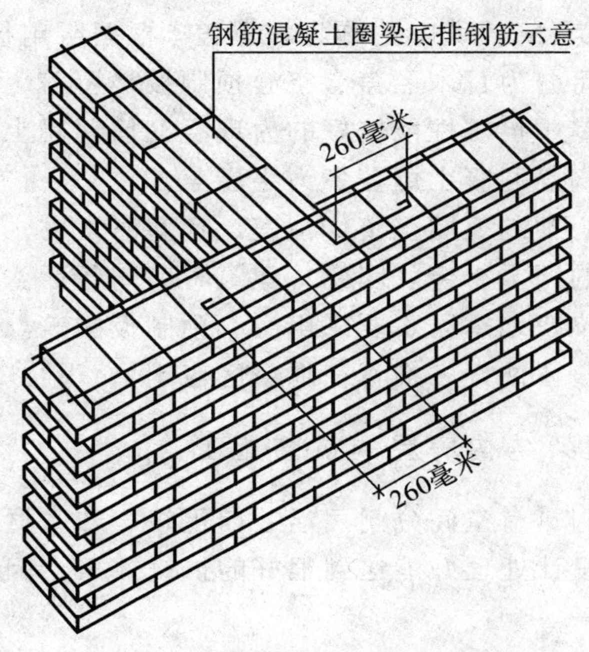

圈梁的配筋

（7）浇筑混凝土，方法同构造柱。

（8）拆除模板。顺序为先拆侧模，后拆底模。

（五）屋盖的建造

农民朋友在建造屋盖时要遵循一个原则，那就是屋盖一定要轻。一般民用房屋的屋顶，常用的有草顶、泥顶和瓦顶等几种。由于各地做法不一，它们的重量差别很大，轻的每平方米只有十几千克，重的每平方米可达数百千克。在地震区建房，应优先采用轻质材料做屋盖。

屋盖的种类较多，目前农民朋友用的较多的有瓦木屋盖和钢筋混凝土屋盖。

屋盖的整体性越好对抗震越有利。建造房屋时，要采取可靠措施，保证屋盖之间以及屋盖与墙柱之间可靠连接。

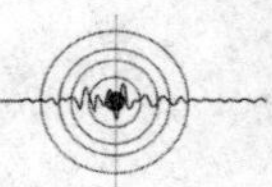

最常见的屋盖有平屋盖、坡屋盖两种形式。屋盖坡度小于1∶10（10米的水平长度，起高为1米形成的坡度）的称为平屋盖，屋盖坡度大于1∶10的称为坡屋盖。根据所用材料的不同，常用的屋盖可分为瓦木屋盖、空心预制板楼屋盖、现浇钢筋混凝土屋盖，其中抗震性能较好的为现浇钢筋混凝土屋盖和瓦木屋盖。现浇钢筋混凝土屋盖多为平屋盖。

由于空心预制板屋盖整体性差，地震时常发生楼板脱离支承墙柱脱落的严重震害。因此，建筑界有句行话：预制板等于棺材板。建议在地震区不要采用空心预制板屋盖。现浇钢筋混凝土屋盖的整体性好，推荐在地震区应用。

四、框架结构房屋的抗震施工

框架结构具有空间分割灵活、自重轻、节省材料的优点，整体性好，设计处理好能达到很好的抗震效果，因此目前正在逐步推广开来。

框架结构的抗震等级根据设防烈度、结构类型和房屋高度的不同，分为一、二、三、四级。抗震等级越高，成本会越高，安全系数也就越高。

（一）选材要求

混凝土强度是建筑承载力的重要指标，是由水泥、沙、石子采用混凝土配合比混合搅拌而成。混凝土强度等级越高，构件承受荷载能力就越强。框架结构中混凝土等级一般不低于C20，抗震等级为一级时，梁、柱、节点等部位混凝土等级应大于等于C30。

结构构件中的纵向受力钢筋宜选用二级钢筋（HRB335）、三级钢筋（HRB400）。纵向受力钢筋连接接头的位置宜避开梁端、柱端箍筋加密区。无法避开时，应采用满足等强度要求的高质量机械连接接头，且钢筋接头面积百分率不应超过50%。

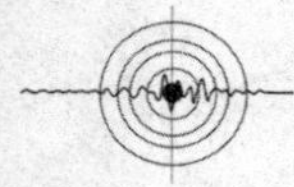

（二）梁的设置

梁的截面宽度不宜小于 200 毫米，截面高宽比不宜大于 4，净跨与截面高度之比不宜小于 4。梁宽不小于柱宽的 1/2。

梁的钢筋配置，应符合下列各项要求：

梁端纵向受拉钢筋的配筋率不应大于 2.5%。梁端截面的底面和顶面纵向钢筋配筋量的比值，除按计算确定外，一级不应小于 1/2，二、三级不应小于 3/10；沿梁全长顶面和底面的配筋，一、二级不应少于 2Φ4，且分别不应少于梁两端顶面和底面纵向配筋中较大截面面积的 1/4，三、四级不应少于 2Φ12；一、二级框架梁内贯通中柱的每根纵向钢筋直径，对矩形截面柱，不宜大于柱在该方向截面尺寸的 1/20。对圆形截面柱，不宜大于纵向钢筋所在位置柱截面弦长的 1/20；箍筋的末端应做成 135 度弯钩，弯钩端头平直段长度不应小于箍筋直径的 10 倍。梁端加密区的箍筋肢距，一级不宜大于 200 毫米和 20 倍箍筋直径的较大值，二、三级不宜大于 250 毫米和 20 倍箍筋直径的较大值，四级不宜大于 300 毫米。

（三）柱的设置

（1）柱的尺寸应满足下列要求：截面的宽度和高度均不宜小于 300 毫米；圆柱直径不宜小于 350 毫米。

（2）柱的钢筋配置应符合下列各项要求：

宜对称配置。截面尺寸大于 400 毫米的柱，纵向钢筋间距不宜大于 200 毫米。柱总配筋率不应大于 5%。边柱、角柱及抗震墙端柱在地震作用组合产生小偏心受拉时，柱内纵筋总截面面积应比计算值增加 25%。

柱纵向钢筋的绑扎接头应避开柱端的箍筋加密。

箍筋的末端应做成 135 度弯钩，弯钩端头平直段长度不应小于箍筋直径的 10 倍；在纵向受力钢筋搭接长度范围内的箍筋，其直径不应小于搭接钢筋较大直径的 0.25 倍，其间距不应

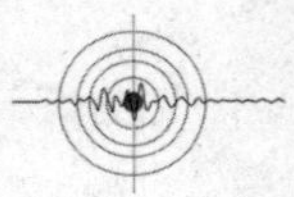

大于搭接钢筋较小直径的5倍，且不应大于100毫米。

柱箍筋加密区箍筋肢距，一级不宜大于200毫米，二、三级不宜大于250毫米和20倍箍筋直径的较大值，四级不宜大于300毫米。

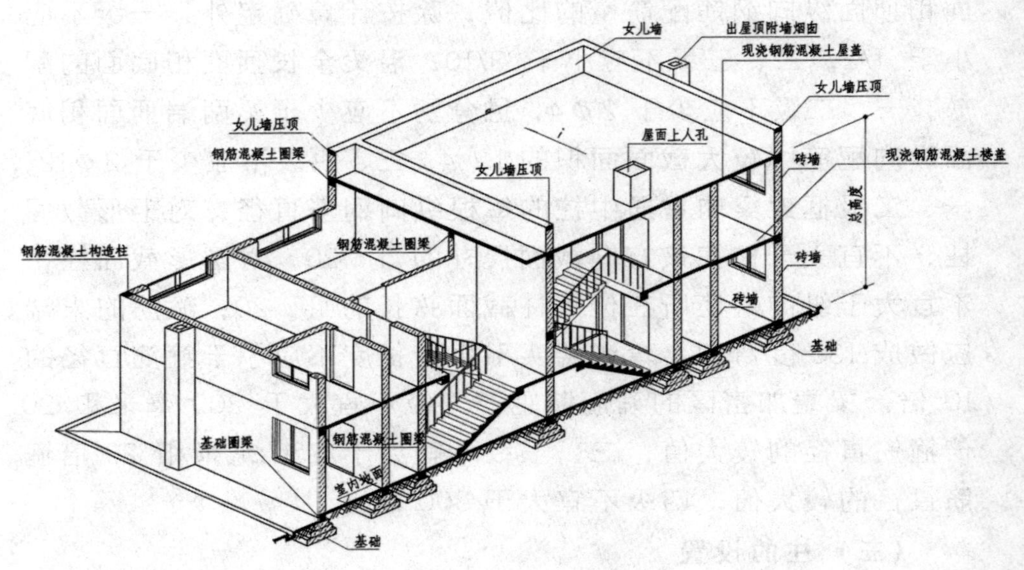

抗震房屋示意图

五、其他结构房屋的抗震施工

（一）砖木结构房屋

砖木结构房屋在我国农村民居中也不少，农民朋友在施工过程中，要把握好以下几点：

（1）处于房屋隐蔽部位的木构架，应设置通风洞口。

（2）屋架的各杆件除用暗榫连接外，还应采用双面扒钉钉牢。

（3）搁置在砖墙上的木檩条或龙骨下应铺设砂浆垫层。

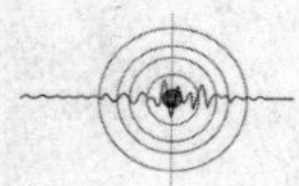

（4）采用钉连接，当钉的直径大于 6 毫米，或当采用易劈裂的树种时，应预先钻孔，孔径取钉径的 0.8～0.9 倍，孔深应不小于钉入深度的 0.6 倍。

（5）木构件与砖砌体或混凝土结构接触处应作防腐处理。

（6）受压接头端面应与构件轴垂直，不应采用斜槎接头；齿连接或构件接头处不得采用凸凹榫。

（7）当采用木夹板螺栓连接的接头钻孔时，应各部固定，一次钻通以保证孔位完全一致。受剪螺栓孔径大于螺栓直径不超过 1 毫米，系紧螺栓孔径大于螺栓直径不超过 2 毫米。

（8）木结构中所用钢材等级应符合设计要求。钢材的连接不应用气焊或锻接。

（9）对于经常受潮的木构件以及木构件与砖石砌体及混凝土接触处进行防腐处理。在虫害（白蚁、长蠹虫、粉蠹虫及家天牛等）地区的木构件应进行防虫处理。

（二）石结构房屋

石结构房屋是以块石砌筑成的墙体承重房屋。石结构房屋可采取以下抗震构造要求：

石结构一般情况下用于民居建筑的单层房屋，层高不宜超过 3.6 米。承重墙为料石时，厚度不应当小于 0.24 米，承重墙为毛平石时，厚度不应当小于 0.40 米。石结构房屋应当优先采用横墙承重或纵、横墙共同承重的结构体系，严禁采用石板、石梁及独立石柱作为承重构件。屋盖宜采用现浇钢筋混凝土屋盖结构，也可采用木屋盖。同一房屋不宜采用石砌体、砖砌体、土坯墙等不同材料的墙体混合承重。

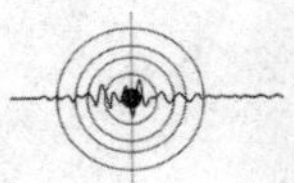

第四节 现有农居的抗震加固

目前农村还存在许多老旧房屋，材料强度低，结构整体性差。即使现代结构类型的房屋，如砖混和框架结构，由于抗震措施落实不到位，很多传统的不正规施工做法使得已建房屋依然存在很多地震安全隐患。因此，我们要对它们进行抗震加固。对建筑物进行抗震加固，是在最大限度避免地震来临造成人员伤亡和财产损失的基础上节约投资的有效方法。

一、抗震加固的原则

抗震加固前要首先对房屋进行一下抗震性能鉴定，分析抗震隐患，然后有选择性地进行抗震设计和施工，避免不必要的麻烦和浪费。

抗震加固要注意采用新的抗震技术、方法和工艺，结合建筑物的特点，要达到切实提高建筑物抗震设防的要求。

二、抗震加固的措施

对墙体进行加固。主要是拆砖补缝、钢筋拉固、附墙加固等。

对屋盖的加固。一般采用水泥砂浆重新填实或配筋加粗等办法。

对附属结构的加固。对突出房屋的烟囱、女儿墙以及楼梯间等进行拆除或改建，或者采取措施对其加固。

此外，对于空间跨度过大的房子，我们可以适当增加横墙以增强其支持力。注意房屋的排水，避免地基潮湿。

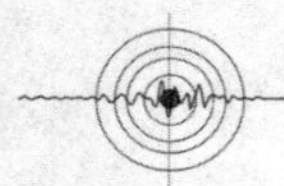

加固与不加固大不相同

三、抗震加固方法

（一）增加自身整体性加固法

该方法用于加强结构构件本身，恢复或提高构件的承载力和抗震能力。主要用于震前修补结构缺陷或对震后出现裂缝的构件进行修复加固，一般不作为单独抗震加固的方法使用。

（二）外包加固法

外包加固法是指在构件外边增设加强层，以提高构件的抗震能力、变形性能和整体性。这是常用的抗震加固方法，一般有以下几种做法：

1. 外包钢筋混凝土面层加固法

该方法是加固钢筋混凝土梁、柱、墙和砖柱、砖墙的有效方法，通过在原构件外周增设钢筋混凝土面层，如钢筋混凝土围套、钢筋混凝土板墙等，增大构件断面，增设钢筋，大大提高构件的承载力、刚度和抗震性能。该方法可以大幅度提高被加固构件的承载力、延性和刚度，效果可靠。

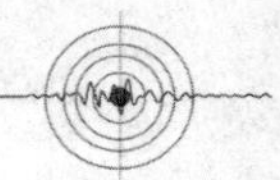

2. 钢筋网水泥砂浆面层加固法

该方法与外包钢筋混凝土面层加固法类似，但配筋量少，加固面层厚度有限，主要用于加固砖柱、砖墙等。施工时不用支模板，铺设钢筋后将钢筋网片与原构件固定，分层抹灰、养护即可。该方法能提高构件的整体性，施工简便，耐久性好。

3. 钢筋套加固法

该方法是在构件外围包以型钢的加固方法。它适用于加固钢筋混凝土梁、柱及砖柱、砖烟囱等。该方法具有施工方便、能有效提高构件抗震性能的优点，但使用时应注意对钢构套表面涂刷防锈漆，或采用水泥砂浆面层进行保护。

4. 黏钢加固法

该方法是一种适用面广、施工方便，在较少增加刚度的条件下，能大幅度提高构件抗震性能的一种良好的加固方法。它采用专用黏结剂将钢板与原有构件黏结，提高构件承载力、抗裂性、延性，从而提高构件抗震性能。该方法具有施工方便、快捷，施工场地环境条件好，对外观影响小等优点。

（三）增设构件加固法

通过在原有结构构件以外增设构件，能够有效提高结构抗震承载力、变形性能和整体性，对某些承载力、变形不足的构件进行补偿。一般做法有：

1. 增设墙体加固法

砖混结构中，砖墙是抵抗地震作用力的主要抗侧力构件。在抗震横墙间距超过规定值或墙体抗震承载力严重不足时，可采用增设砖抗震墙或钢筋混凝土抗震墙的方法，来弥补原有结构抗震能力的不足。

2. 增设构造柱、圈梁加固法

砖混结构中，构造柱能提高墙体的抗剪力，约束墙体，提高其变形能力和抗倒塌能力。圈梁能增强房屋的整体性。增设构造柱和圈梁是提高砖混结构抗震能力的有效措施。如果原有

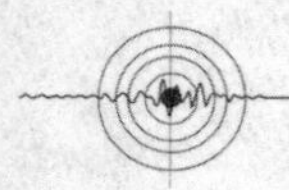

砖混结构未设构造柱或构造柱设置不足，可设置钢筋混凝土外加构造柱，外加构造柱与增设的圈梁、钢拉杆形成整体，共同约束墙体，减轻砖墙在地震时的破坏，提高抗剪力，防止砖墙倒塌破坏。

3. 增设拉杆加固法

此法多用于砖混结构，在纵横墙连接部位增设钢筋拉杆，施工简便，效果可靠，在某些情况下也可以起到内墙圈梁的作用。

4. 增设柱子加固法

在梁的跨度中设支柱等构件，可以大幅度提高被加固构件的承载力，减小构件变形，从而增大了既有构件的抗震能力。

5. 增设支撑加固法

多用于厂房结构中，增设屋盖支撑、天窗架支撑和柱间支撑，可以提高结构的抗震强度和整体性。

6. 增设支托加固法

当屋（楼）盖构件（如檩条、屋面板、梁等）的支撑长度不足时，可以增设支托，从而加大构件支撑长度，防止构件在地震时塌落。

7. 增设门窗框加固法

在砖混结构中，当承重墙窗间墙的宽度过小或承载力不满足要求时，可以增设钢筋混凝土门框或窗框，从而提高砖墙的抗裂性，防止砖墙在地震中倒塌。

（四）增加连接加固法

构件可靠的连接是保证结构抗震性能、防止倒塌的一个非常重要的关键措施。如果构件承载力能够满足，但连接性差，必须采取增强连接的措施。一般做法有：

1. 拉结钢筋加固法

在砖混结构中，如果砖墙与钢筋混凝土梁柱间无连接，可以增设拉筋加强。拉筋一端弯折后锚入墙体的灰缝内，另一端

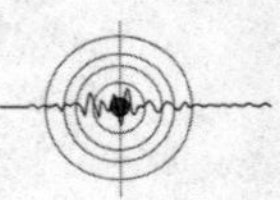

用环氧树脂砂浆锚入梁柱的斜孔中或与锚入梁柱内的膨胀螺栓焊接。

2. 压浆锚杆加固法

适用于砖混结构中纵横墙没有咬槎砌筑、连接性很差的情况。方法是采用长锚杆，一端嵌入横墙内，另一端嵌入外纵墙或外加柱上。

3. 钢夹套加固法

适用于隔墙与顶板或梁连接不良时，可采用钢夹套连接墙体与梁板，防止撞墙平面向外倒塌。

（五）替换构件加固法

替换构件加固法是指将原有强度低、韧性差的构件用强度高、韧性好的构件来代替的方法，一般做法有以下两种：

一是钢筋混凝土替换砖。如用钢筋混凝土柱替换砖柱，用钢筋混凝土墙替换砖墙。

二是钢筋混凝土替换木构件。

第五章　地震应急

经验表明，破坏性地震发生时，从人们发现地光、地声，感觉到有震动，到房屋破坏、倒塌、形成灾害，往往只有几秒到几十秒的时间。这段极短的时间叫预警时间。人们只要掌握一定的应急避震知识，保持清醒的头脑，就有可能抓住这段宝贵时间，成功地避震逃生。

第一节　地震应急避震方法

地震发生以后是跑还是躲，国内外很多学者专家持有不同意见。但是，最重要的是沉着冷静，迅速判断自己所处的环境。地震时每个人所处的环境、状况千差万别，应急避震方法不可能千篇一律。一般来说，应急避震时能跑则跑，跑不了则躲。“能跑则跑”说明“跑”要掌握时机，而“跑不了则躲”更多强调的是“躲”要讲究科学。

一、室外避震

发生地震时，在室外应立即蹲下或趴下以降低重心，以免

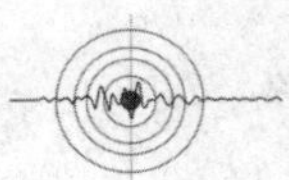

摔倒。保持镇静，不要乱跑，护住自己的头部，避开容易倒塌的高大建筑物，如变压器、电线杆，特别是有玻璃幕墙和大型广告牌等高耸悬挂的危险物的建筑。还有一些场所也不能靠近或停留，比如高楼旁、小胡同内、危旧房屋、危墙、高门脸旁边等，危险品仓库、化工厂、储油储气设施、物料堆放处等附近也要远离。等主震过后，迅速躲避到开阔的场所，千万不要回到没有倒塌的建筑物中，因为余震随时都有可能发生。

如果遇到化工厂着火、有毒有害气体泄漏等情况，尽量用湿毛巾捂住口、鼻，逆风跑，绕到上风方向，不能顺着风的方向跑。

绕到上风方向

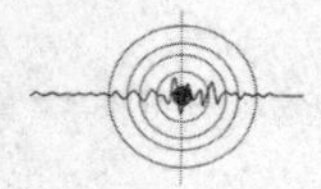

二、室内避震

在中国大多数农村，居住的房屋主要以平房和二层楼房为主，少部分地区已建立了新型农村社区，农民群众住上二层以上的楼房。一般情况下，对于住在平房或者楼房的一二层、离出口比较近的人来说，地震时，应尽快跑到屋外空旷地带。如果房屋晃动厉害，随时可能倒塌或有砖头、水泥块等东西掉下来，这时就不能盲目往房屋外跑，应先躲在屋内相对安全的地方，保护头、颈、胸等要害部位，闭目，并用毛巾或衣物捂住口、鼻，以隔挡呛人的灰尘。

躲在室内相对安全的地方

对于新型农村社区中住在高层楼房内的人来说，要迅速远离外墙、门窗和阳台，随手抓一个枕头或坐垫护住头部，选择厨房（在阳台设置的厨房除外）、卫生间等开间小而不易倒塌的空间避震，也可以躲在墙根、墙角、坚固家具旁等易于形成三角空间的地方避震。切不可盲目跳楼。

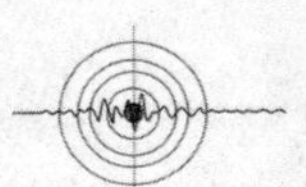

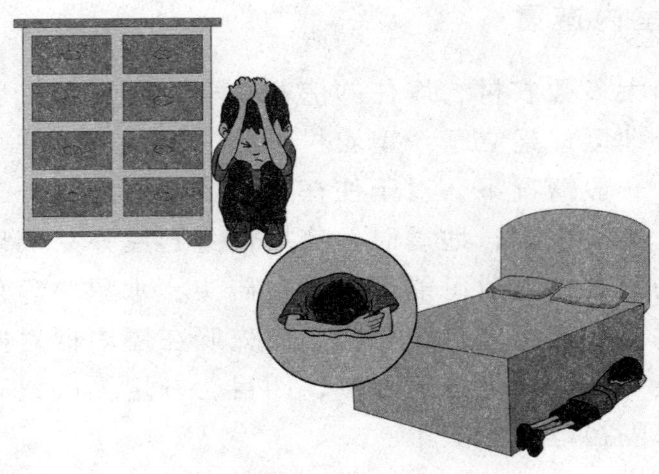

三角空间

对于正在用火的人来说，一定要随手关掉煤气、沼气或电源开关，烧煤的人应赶快用水将煤火浇灭，然后迅速躲避。

迅速灭火躲避

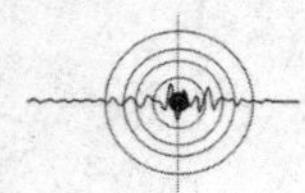

要注意避开房屋内最危险的地方，例如，没有支撑物的床上，吊顶、吊灯下，周围无支撑的地板上，玻璃（包括镜子）和大窗户旁。

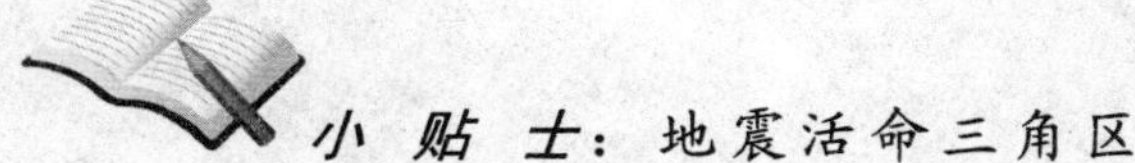

小贴士：地震活命三角区

当建筑物倒塌落在物体或家具上时，倒塌物的重力会撞击到这些物体或家具，使得靠近它们的地方留下一个空间。这个空间就被称作“地震活命三角区”。物体或家具越大，越坚固，它被挤压的余地就越小，周围的空间就越大，于是利用这个空间的人免于受伤的可能性就越大。

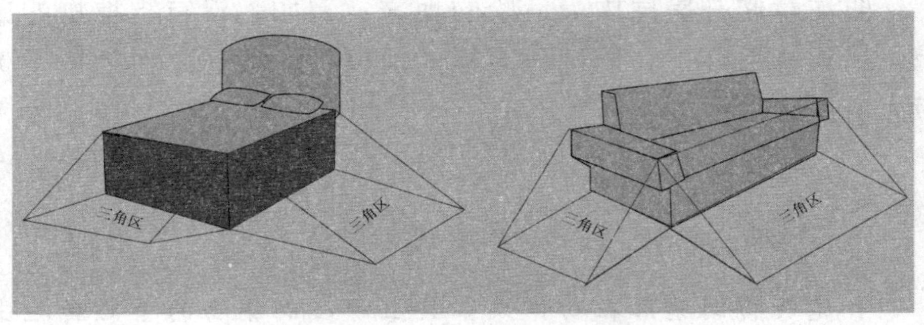

三、公共场所避震

地震时，如果你正在商店、车站等人员密集的公共场所，你想到该怎么办了吗？

首先不能慌乱，头脑要冷静，这一点在什么时候都是最重要的，否则将导致秩序混乱、相互挤压造成伤亡。找个安全的地方躲避或者听从现场工作人员的指挥，有秩序地撤离，不能一窝蜂地拥向出口。要避开人流，如果不得已被挤入人流，要防止摔倒，避免与人流逆向行进。

有序撤离

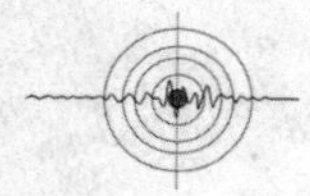

在商场、车站等处，可以选择结实的柜台、商品（如低矮家具等）、柱子边，以及内墙角等处就地蹲下，用手或身边其他物品护头；避开玻璃门窗、橱窗和柜台；避开高大不稳和摆放重物、易碎品的货架；避开广告牌、吊灯、吊顶等高耸或悬挂物。也可在通道边蹲下，等待地震平息，有秩序地撤离。

地震时，处在车站、商店、展览馆等场所的人员，切忌乱逃生，要保持镇静。因为人员慌乱，商品下落，可能使避难通道阻塞。要朝着没有障碍的通道躲避，然后屈身蹲下，等待地震平息。如果处于楼上位置，原则上向一楼转移为好。但楼梯往往是建筑物抗震的薄弱部位，因此，要看准脱险的合适时机。

在公共汽车或火车内，要抓牢扶手、柱子或坐椅等，并注意防止行李从架上掉下伤人；降低重心，躲在座位附近，用衣物护住头部，以防发生事故时受伤；地震过去后，按照司机的指挥，从车门有序下车，否则容易受伤或被路过的车辆碰伤。

一旦车门无法开启，要用专用锤子砸开应急窗玻璃，有序逃离。避免车没停稳，便从窗户跳出。不要拥挤，堵在车门口，这样容易发生摔伤、踩压等事故。

第二节　应对次生灾害

一、应对水灾

地震带来的强烈震动，可能会引起水库大坝垮塌、决堤，迅速冲出的大水也会给我们带来巨大灾难。玉树地震中，柴古水电站出现裂口，严重威胁下游河谷地区安全；位于结古镇的西杭水电站水渠也在地震中垮塌，大水冲出淹没道路，最宽处达七八米，给救援工作带来极大不便。汶川地震造成的堰塞湖险情更是迫使下游几百万群众紧急转移。

一旦发生水灾，人们应立即向山坡、高地、楼顶等高处转

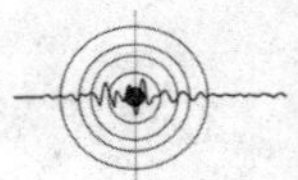

移；如果措手不及，已经被大水包围，也不必惊慌，可爬上高墙、大树等暂时避险，等待救援。不可攀爬带电的电线杆、铁塔，不可触摸或接近电线，防止触电。也不要爬到泥坯房的屋顶。

如果附近没有高地和楼房可以躲避，或在暂时避险的地方已经难以自保，要尽可能利用船只、木板等可漂浮的物体，做水上转移。千万不要游泳逃生。一旦被洪水包围，要设法尽快与当地政府防汛部门取得联系，无通信工具时，可制造烟火、用镜子反光、挥动颜色鲜艳的衣物或在听到附近有人时，大声呼救，不断向外界发出求救信号，积极寻求救援。如果被卷入洪水中，一定要尽可能抓住固定的物体或木板、树干等能漂浮的东西，寻找机会逃生。时间允许的话，可以在离开房屋漂浮之前，把燃气阀、电源总开关等关掉，吃些含较多热量的食物，如巧克力、糖、甜糕点等，并喝些热饮料，以增强体力。同时，收集一些食品、饮用水和发信号用具（如哨子、手电筒、旗帜、鲜艳的床单）、划桨等。

值得注意的是，地震过后，要远离河道。因为即使是那些干涸的河道，在震后也有可能迅速被洪水填满，所以不要在那里游玩或进行任何活动。一旦遇上洪水，千万不要顺河道向上或向下跑动，应向河道两边、较高的地方躲避。

二、应对火灾

比起地震本身，地震后的火灾更可怕。如 1995 年 1 月 17 日清晨 5 点 46 分，日本关西地区发生 7.2 级地震，造成大面积火灾，熊熊烈火持续了三天。据日本官方宣布，这次地震造成的直接经济损失总计超过 960 亿美元。

一旦震后发生火灾，千万别乱跑，更不要到拥挤的地方去；趴在地上，用湿毛巾捂住口、鼻，以免吸入浓烟和有毒气体，

一时找不到湿毛巾的，可用浸湿的衣物代替；地震停止后向安全地方转移，如果火势较大，温度很高，可用水浇湿衣服等隔热，寻机匍匐逃离火场；注意要匍匐前行，朝与火势趋向相反的方向逃生。

万一身上着火了，可就地打滚压灭身上的火苗，如果身边有水，可用水浇或者跳入水中扑灭火苗。

遇到火灾要尽量用湿毛巾捂住口、鼻，匍匐逃离火场

三、应对滑坡、泥石流

山区发生地震，很容易引起滑坡、泥石流这样的次生灾害。如果遇到滑坡、泥石流，不要顺着滚石滚落的方向逃跑，要向山体两侧跑。如果来不及跑离危险地带，也可以躲避在结实牢固的障碍物旁，或者躲在沟坎下，要特别注意保护好头部。

如果遇到泥石流，要立刻向与泥石流垂直方向的两边山坡高处爬，切记不要顺沟道向上游或下游跑。也不要爬到泥石流可能直接冲击到的山坡上。万一来不及跑，可抱住树木。

如果在居民点，应迅速离开泥石流沟两侧和低洼地带，撤离到安全地点。不要留恋财物，时间就是生命。

遇到滚石，要向与滚石滚落垂直的方向跑

四、应对海啸

如果在海边时发生了地震,一定要意识到可能会引发海啸。地震引发的海啸登陆之前，会有一些明显的宏观前兆现象，在海边生活的农民朋友只要稍加注意，就可以发现。常见的海啸登陆宏观前兆有四种：一是海水异常的暴退或暴涨；二是离海岸不远的浅海区，海面突然变成白色，其前方出现一道长长的明亮水墙；三是位于浅海区的船只突然剧烈地上下颠簸；四是突然从海上传来异常的巨大响声，在夜间尤为令人警觉。其他还有大批鱼虾等海生物在浅滩出现；海水冒泡并突然开始快速倒退等。

由于从地震发生到海啸来到陆地会有一段时间，一定要利用这一段时间迅速离开海边，立即前往地势较高的地方躲避，

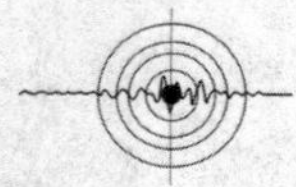

通过电视、广播等媒体密切关注事态发展。当听到政府发布海啸警报后应立即切断电源，关闭燃气。

如果来不及逃离，可以牢牢抓住近处比较牢固的东西，深吸一口气，屏住呼吸。如果被卷入海中，要想办法抓住漂浮物，尽可能使头部浮出海面，不要挣扎，保持漂浮状态，保存体力，等待救援。尽可能向岸边移动。一般来说，漂浮物多的地方离海岸较近。不要喝海水。向其他落水者靠拢，可以抱在一起，减少身体的热量散失，也可相互安慰，稳定情绪。

遇到地震时，要迅速离开海边

海水退后，不要因好奇奔向海边。在海啸警报解除之前，人员须一直停留在安全避险区内。

五、应对有毒有害气体

强烈的地震会对工厂的设备造成一定程度的损坏，使存放有毒有害气体的容器破裂从而引发有毒有害气体泄漏；或是地震引起的大火引燃化工原料后释放出有毒有害气体，从而危及

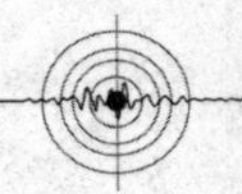

人身安全。遇到有毒有害气体泄漏，不要顺着风向跑，而应该赶紧用湿毛巾捂住口、鼻，绕到毒气的上风方向。

如果地震造成所在屋内燃气泄漏，一定要及时关闭总阀门，开窗通气，禁止使用明火或开启一切电器和灯具，以免发生爆炸。

遇到有毒气体泄漏，要绕到毒气的上风方向

六、应对核泄漏

2011 年 3 月 11 日的日本 9.0 级特大地震不但引起了巨大海啸，也造成了日本福岛核电站 1～4 号机组发生核泄漏事故，释放大量放射性物质，造成重大次生灾害，一时让我们谈核色变。那么我们该如何应对核泄漏呢？

一旦出现核泄漏事件，公众必须做的第一件事是通过电视、

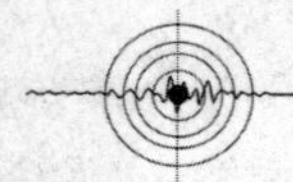

广播、电话等正常渠道获取尽可能多的、可信的关于突发事件的信息，并了解政府部门发布的通知，切不可轻信谣言或小道信息。第二件事是按照当地政府的通知，迅速采取必要的自我防护措施。如：

（1）就近寻找建筑物进行躲蔽，关闭门窗和通风设备（包括空调、风扇），以减少直接的外照射和污染空气的吸入。当污染的空气过去后，迅速打开门窗和通风装置。

（2）根据当地政府的安排，有组织、有秩序地撤离现场。如果有风，应尽量往风向的垂直方向撤离。

（3）用湿毛巾、布块等捂住口、鼻，防止污染空气进入呼吸道。

（4）如果被暴露在辐射范围内，应立即更换干净的衣服，并将受污染的衣服、鞋帽等脱下存放到密封的袋子里。用香皂和凉水冲洗可能受到辐射污染的皮肤，凉水能使毛孔收缩，阻止辐射影响；而热水会使毛孔扩张，导致污染进入身体。

（5）注意食品安全，如未经政府卫生部门认可，请不要食用来自污染区的牛奶、蔬菜，也不要听信谣言而盲目服用药物及补充特定元素，那样可能给自己带来新的伤害。

（6）遭受辐射污染后，须留意发现症状。如果身体出现恶心、没有食欲、皮肤出现红斑或腹泻等症状，必须立刻就医。

日常生活中食用海带、紫菜等含碘量高的食品，饮用红酒，可有效提高机体抗氧化能力，但不可过量。

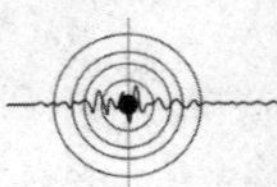

第三节　自救与互救

“时间就是生命。”多次强烈地震的救灾实践表明，灾民自救互救能最大限度地赢得时间，挽救生命。如1976年唐山7.8级大地震使唐山市区80%～90%约60多万人被困在倒塌的建筑物内。通过当地居民和驻军的自救与互救，80%以上的被埋压者安全脱险。一般来说，大地震过后，半小时内救活率为95%，第一天的救活率为81%，第二天的救活率为53%，第三天的救活率为36.7%，第四天的救活率为19%，第五天的救活率为7.4%。由此可见，及时自救、互救是拯救生命、减少伤亡的主要措施之一。耽误的时间越短，被困者生存的希望就越大。地震发生后，灾区的农民群众和村民委员会应当不等不靠，组织村里有生力量尽早尽快地开展自救互救。那么，如何在地震发生后进行自救和互救呢？

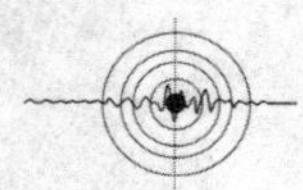

赢得时间　挽救生命

一、坚定活下去的勇气

地震往往来势凶猛，有时候我们还没来得及逃脱，就被埋压在废墟之中，黑暗、恐惧、伤痛甚至死亡瞬间袭来。这时，首先要稳定自己的情绪，保持镇静，鼓励自己要坚强，坚信自己一定能够被救出，顽强的毅力也是战胜困难的关键。“信心是力量的源泉。”大地震中被倒塌建筑物压埋的人，只要神志清醒，身体没有重大创伤，都应该坚定生存的信心，保护好自己，积极实施自救。

二、冷静设法自救

强烈地震后，由于道路受到破坏，救援队伍不能立刻赶到现场，而且主震过后一般都会有余震发生，所以我们要尽量改善自己所处的环境，设法自救。

首先，可以试着把手从埋压物中抽出来，挪开压在脸上、胸前的碎砖烂瓦等杂物，清除口、鼻附近的灰土，保持呼吸畅通。如果闻到煤气及其他有毒气味或灰尘太大时，要设法用湿衣物捂住口、鼻，以防中毒或被呛着。

接下来，我们要弄清自己所处的环境，如果看不清，可以用手四处摸索。搬开身边那些可以搬动的杂物，扩大活动空间。设法用砖石、木棍等支撑、加固周围的断壁残垣，以防余震发生时再被埋压。如果身体上方有不结实的倒塌物、悬挂物等，应设法避开，以免受到伤害。如果身边的杂物被其他重物压住，无法移开时，千万别勉强，防止进一步倒塌。

然后，应观察周围有无通道或亮光，判断自己所处的位置，从哪个方向有可能出去；试着排除障碍，开辟通道，自行脱险。如果几个人同时被埋压，要互相鼓励，共同计划，团结配合，必要时采取脱险行动。如果已受严重外伤，应尽力用衣服等物包扎好伤口。如果发生骨折，不要轻易移动，应等待救援。

加固断壁残垣

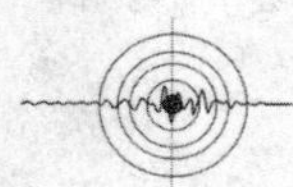

三、尽力与外界联系

如果我们在地震中被埋压且又无法自行脱险时，不要大声哭喊，不要勉强行动，尽可能控制自己的情绪，尽量减少活动量，努力与外界联系。在向外寻求救援时，不要盲目大声呼救，因为长时间的呼喊会消耗大量的体力，增加死亡的威胁。要仔细听听周围有没有其他人，听到人声时用砖、铁管等物敲打墙壁或管道（如有哨子可以吹），向外界传递信息，设法引起外界救援人员的注意。当确定有人在附近时，再大声呼救。

敲击传信号

四、耐心等待救援

如果开辟通道费时太长，费力过多，则不应自行逃生；如果周围非常危险，有玻璃、不牢固的床板、电路、水池等，也不应自行逃生；当自己所处的房屋年久失修，很可能一有震动即会倒塌，也不应轻举妄动，要尽力保存体力，耐心等待救援。没有食物和水，就要想办法找到替代品。如果受伤，要尽快想

办法包扎，避免流血过多。总之，要尽可能延长生存时间，因为坚持的时间越长，得救的可能性就越大。

汶川地震时，有位被埋在教室废墟中的老师，找到4张学生笔记本中的纸，吃下了它们，从而获得了生存的机会。水是生存的关键，废墟缝隙中流下来的雨水、破裂水管中的积水都是宝贵的生命之水，实在找不到的话，可以用自己的尿液解渴，以尽量延长生存时间，等待救援。

包 扎

小贴士：保存体力 击石传声

1976年7月28日，7.8级的唐山大地震由于发生在人口稠密地区，时间又是在多数人熟睡的凌晨，地震中被砸埋的人数众多，震后救援工作十分紧张。

唐山市一家小孩获救的经历十分感人。孩子们的家住在一

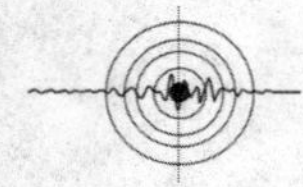

幢三层楼的底部，当其中一个小姑娘被地震惊醒的时候，已经楼倒屋塌了，她的妈妈靠墙睡，压住了腿，伤得很重。小姑娘和她的三姐，还有一个9岁的外甥女、一个5岁的外甥都受了伤，但伤得不重。只是三姐的两条辫子被压住动不了，三姐只好一根一根地揪断头发，手被勒得满是血，才总算让身子能够活动点儿了。

妈妈对四个孩子说，不管怎么样，你们也要挺住，毛主席一定会派解放军来救咱们。妈妈让孩子们睡觉等待，别乱喊，要留着劲。四个孩子就迷迷糊糊地睡一阵，醒一阵。后来，听不到妈妈说话了，小姑娘摸到妈妈的身体，才知道妈妈已经死了。

伤心的小姑娘记得妈妈活着的时候嘱咐她们姐俩要多照顾小外甥，他渴了就喂他点唾液。后来小姐俩自己也渴得嗓子快冒烟了，就摸到一个破碎的瓷碗，用它把小外甥的尿留着，渴极了就喝一口。再往后，连尿也没有了，他们就扒地下的湿土，捂着脸，这样能感到凉快点。

敷着敷着，不知什么时候听到上边有人说话了。他们想可能是解放军，就捡起块砖头敲身边的石板、木头等东西。又过了很长时间，突然他们的头顶出现一个小洞，射进刺眼的白光来。孩子们知道这下有救了，于是开始使劲高喊。解放军听见了，问他们有几个人活着，他们齐声回答："有四个！"这时，孩子们都哭了。

解放军把他们一个一个地救出来，又用担架送到急救站。后来他们听说，自己被困在废墟下的时间足足有63个小时。

五、积极参加互救

互救是指已经脱险的人和专门的抢险营救人员对埋压在废墟中的人进行营救。地震发生后，道路和通信设施往往遭到严

重的破坏，尽管各级政府迅速派出救援部队，但由于种种限制，救援部队最快也要在几小时甚至十几小时以后才能赶到救灾现场。在这种情况下，我们积极开展互救活动，可以让更多被埋压在废墟下的人获得宝贵的生命。此时村党支部和村民委员会应充分发挥基层组织的战斗堡垒作用，组织有劳动能力的村民，开展家庭之间、邻里之间、村与村之间的互救，这是减轻人员伤亡最及时、最有效的办法。

参与救援，不仅要有热情，更要讲究科学，千万不可鲁莽行事，不可让被埋压人员遭遇新的伤害。强烈地震过后，到处是灾情，需要救助的人很多。这个时候要特别注意施救顺序，提高救助效率，以便让更多的人获得生命。一般来说，施救时要先救那些离你距离最近的、最容易救出的幸存者。不论被埋压的是你的家人、邻居，还是陌生人，只要离你最近、比较容易救出就应该先救他们。如果舍近求远，往往会错失救人良机，造成不应有的人员伤亡。而一直在建筑物层层堆叠的地方恋战，也会大大降低救助效率。如果埋压人员中有青壮年和医务人员，要先救他们，因为救出一个青壮年，就可能多一份救援力量；救出一个医务人员，就可能尽快医治或抢救一批伤员。如果附

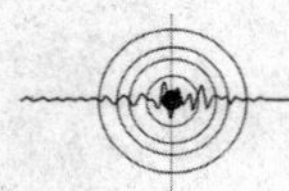

近有多人被埋压，可以先让其头部露出，清除口、鼻内的异物，使其能够自由呼吸，解除对其生命的威胁，然后再一一救出。

营救过程中，要遵循科学的挖掘方法，保护被埋压人员的安全。当接近被埋人员时，不可再用利器刨挖，以免伤及被埋压人员；要注意观察，分清哪些是支撑物，哪些是压埋阻挡物，对支撑物要注意保护，对阻挡物要进行清理，不要轻易触动倒塌物或站在倒塌物上，避免造成新的伤亡；尽早使封闭空间与外界沟通，可先将被埋压者头部暴露出来，清除其口、鼻内的尘土，保证其呼吸畅通，再使其胸腹和身体其他部分露出；如果挖掘过程中灰尘太大，可喷水降尘，以免被救者和救人者窒息；可先将水、食品或药物等输送给被埋压者，以增强其生命力；如果发现被埋压人员，却一时无法救出，应做下标记，等待专业救援人员前来施救。

用深色布带蒙上救出的长期被埋压人员的眼睛

对被埋压时间较长的人员，救出后要用深色布料蒙上眼睛，

避免强光刺激，也不可给其过多食物和水，以免进食过多而伤及肠胃；对于伤势严重、不能离开废墟的人员，应设法清除周围埋压物后，将其抬出废墟，切不可强拉硬拽；被埋压人员受伤时，应根据伤势轻重，采取包扎或送医疗点抢救治疗。如果是脊椎受伤，搬运时应用门板或硬担架，防止造成伤员瘫痪。

小贴士：如何寻找被困人员

很多情况下，我们没有专业仪器和搜救犬的帮助，只能依靠一些简单的方法寻找被困人员，有人总结出“问”“听”“看”“探”“喊”的有效方法。

“问”，就是向知情的生存者询问。了解什么人住在哪些建筑物内，地震的时候是否外出等，从而了解哪些房屋内可能有较多的受困、受伤人员，了解伤员的可能位置和建筑物的格局情况。

“看”，就是仔细观察。观察废墟中有没有人爬动的痕迹或血迹，观察居住空间是否完全密闭，有无幸存者、半露的衣服或其他迹象，特别应注意门道、屋角、房前、床下和一些容易形成三角空间的地方。

“听”，就是要细心倾听有无被困人员的动静。可以趴在地上或靠墙贴耳倾听，也可以利用夜间安静时听；可以一边敲打一边听，也可以一边用手电筒照一边听。特别要注意一些轻微的呻吟声或微弱的敲瓦片的声音。

“探”，就是进入废墟实地探察。在废墟空隙，或者排除障碍后可以钻进去的地方寻找被困人员。这时要注意有无爬动的痕迹特别是血迹，以便寻找已经精疲力竭的受困者。

“喊”，就是大声呼唤。可以让知情者和受困人员家属呼喊受困者姓名，细听有无应答之声。

通过以上五种方法找到了伤员位置后，再根据情况采取适

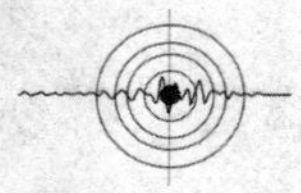

当的救援方法实施救援。

第四节 现场伤员救护

震后救出的伤员有的流血不止，有的骨折，有的突然没了心跳和呼吸……而此时，医护人员可能还没有赶到现场，或者医护人员忙不过来。如果我们掌握了一些基本的急救技术，就有可能减轻伤残，甚至挽救生命。现场急救是救命的第一招。这里介绍一些基本的急救方法。

一、止血方法

出血，尤其是大出血，若抢救不及时，伤员会有生命危险。止血技术是外伤急救技术之首。现场止血方法常用的有四种，分别是指压止血法、包扎止血法、加垫屈肢止血法和止血带止血法。使用时根据创伤情况，可以使用一种，也可以将几种止血方法结合一起应用，以达到快速、有效、安全止血的目的。

指压止血法是指较大的动脉出血后，用拇指压住出血的血管上方（近心端），使血管被压闭住，中断血流。如果手头一时无包扎材料和止血带，或运送途中放松止血带的间隔时间，可用此法。此方法简便，能迅速有效地达到止血目的，缺点是止血不易持久。

包扎止血法一般适用于无明显动脉性出血的情况。小创口出血，有条件时先用生理盐水冲洗局部，再用消毒纱布覆盖创口，以绷带或三角巾包扎。无条件时可用冷开水冲洗，再用干净毛巾或其他软质布料覆盖包扎。如果创口较大而出血较多时，要加压包扎止血。包扎的压力应适度，以达到止血而又不影响肢体远端血运为度。严禁用泥土、面粉等不洁物撒在伤口上止血，造成伤口进一步污染，而且给下一步清洗带来困难。

加垫屈肢止血法是适用于前臂和小腿部位的临时止血措施。可于肘、膝关节屈侧加垫，屈曲关节，用绷带将肢体紧紧地缚于屈曲的位置。

止血带法止血用于较大的肢体动脉出血，且为运送伤员方便起见，应用止血带。先在用止血带的部位放一块布料和纸做的垫子，然后用三角巾叠成带状，或用手帕、宽布条、毛巾等方便材料绕肢体 1～2 圈勒紧打一活结，再用笔杆或小木棒插入带状的外圈内，提起小木棒绞紧，将绞紧后的小木棒插入活结的环中。上止血带后每半小时到一小时放松一次，放松 3～5 分钟后再扎上，放松止血带时可暂用手指压迫止血。

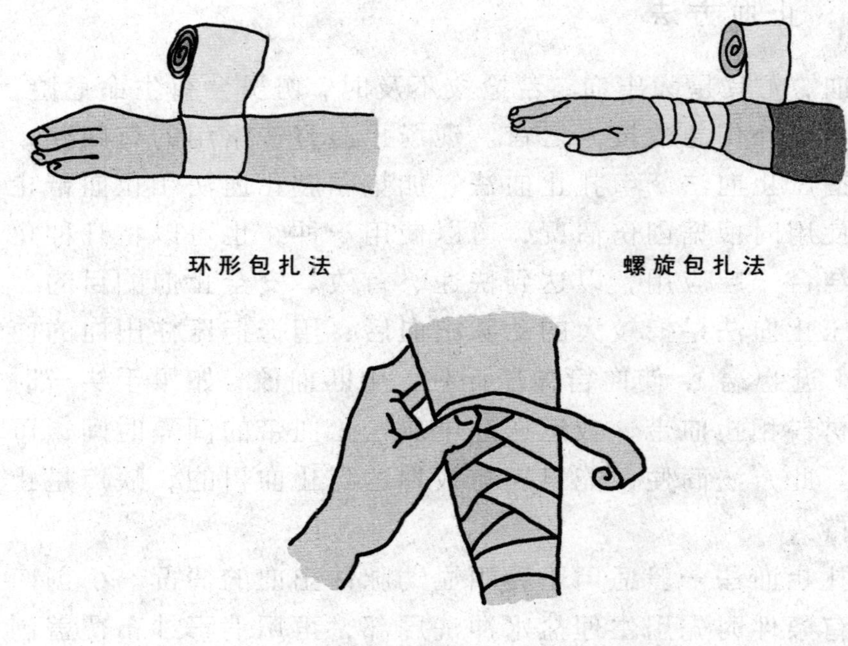

环形包扎法　　螺旋包扎法

折转包扎法

二、对骨折伤员的救护

大地震造成大量人员伤亡，受伤者中以骨折的人为多。现场救护正确与否，不仅关系到治疗效果，而且还关系到病人生

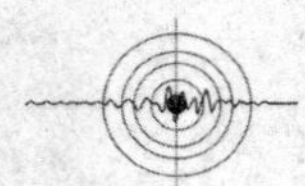

命安危。如果我们在现场，该如何施救呢？

对骨折或疑为骨折的伤员不应轻易搬动。原则上就地取材，就地固定。可用木板、竹片、粗硬树枝等作为外固定物。上肢骨折固定材料要超过肩、肘、腕部，下肢要超过髋、膝、踝关节。如果身旁确实没有什么可以利用的外固定物，也可以利用自身肢体来固定，对于上肢，将伤肢伸直置于身体一侧，用三条布带将伤肢连同躯干绑在一起。对于下肢，将两腿伸直，两腿之间空隙用衣物填塞起来，再用几条布将两腿绑在一起，这样能达到临时固定、减轻疼痛、避免再损伤的目的。搬运脊柱损伤的伤员时一定要特别小心，必须让伤员的脊柱保持平直，不然容易造成瘫痪。

三、心肺复苏及其步骤

当被救者心跳呼吸停止时采取的急救措施叫作心肺复苏，包括人工呼吸和胸外心脏按压。判断被救者刚刚停止心跳和呼吸后，就必须立即在现场进行心肺复苏。只有恢复其心跳和呼吸，才能挽救生命。心肺复苏的主要做法是：

打开气道，进行口对口人工呼吸。操作前必须先清除病人呼吸道内异物、分泌物或呕吐物，使其仰卧在质地硬的平面上，将其头后仰。抢救者一只手使病人下颌向后上方抬起，另一只手捏紧其鼻孔，深吸一口气，缓慢向病人口中吹入。吹气后，口唇离开，松开捏鼻子的手，使气体呼出。观察伤者的胸部有无起伏，如果吹气时胸部抬起，说明气道畅通，口对口吹气的操作是正确的。

施行胸外心脏按压。让病人仰卧在硬板床或地上，头低足略高，抢救者站立或跪在病人右侧，左手掌根放在病人胸骨的1/2处，右手掌压在左手背上，指指交叉，肘关节伸直，手臂与病人胸骨垂直，有节奏地按压。按压深度成人为 4～5 厘米，

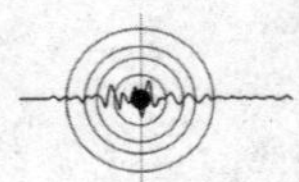

每分钟100次左右。每次按压保证胸廓弹性复位，按下的时间与松开的时间基本相同。

人工呼吸和胸外心脏按压要按照2:30的比例进行，即每进行2次人工呼吸，接着进行30次心脏按压，中断时间不应超过10秒。

如果现场仅有一人施救，那么抢救时既要做人工呼吸，又要做心脏按压。如果现场除伤者外，有两人或两人以上，那么最好一人施行人工呼吸；另一人做胸外心脏按压，每2分钟完成5个周期的心脏按压和人工呼吸（每个周期30次心脏按压和2次人工呼吸）后交换心脏按压者，防止按压者疲劳，保证按压效率。

第五节 紧急卫生防疫

地震发生后，由于大量房屋倒塌，下水道堵塞，造成垃圾遍地，污水流溢，再加上畜禽尸体腐烂变臭，使得菌源产生，极易引发一些传染病并迅速蔓延。历史上就有“大灾后可能有大疫”的说法。因此，震后要特别注意紧急卫生防疫。

一、保证安全饮食

在地震中，饮用水水源可能因垃圾、尸体、化学毒物等受到污染。因此，震后生活要保证饮食安全，防止病从口入。饮用水需要医疗卫生人员做好相应的消毒措施，保护水源；饮用水必须经过净化、消毒，不喝生水，要创造条件喝开水；供饮用的河水旁边，应插上明显的标志，不要把医疗垃圾和生活垃圾随意丢弃在附近的河里；严禁排放生活污水。

尽量食用煮熟的食物，被污水泡过的、已经腐烂的水果蔬菜，发霉的粮食以及来源不明的食品千万不能食用；不吃死亡

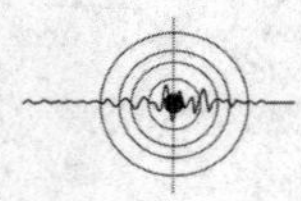

的禽畜，不用脏水冲洗蔬菜、水果等。

二、搞好环境卫生

强烈地震发生后，一般会伴有暴雨、高温等恶劣天气。由于大量房屋倒塌，造成垃圾遍地，畜禽尸体腐烂变臭，震后环境卫生成了群众生活中的突出问题。村民委员会要配合卫生防疫人员指导农民群众选择合适地点，就地取材，建立临时应急公共厕所和垃圾坑及污水坑，定期喷洒杀虫剂，并发动群众建立震区卫生公约，教育群众自觉遵守。

消毒

个人也要注意维护环境卫生。不乱丢垃圾，不随地大小便。垃圾和粪便是夏季蚊蝇滋生的主要场所。地震过后，各级政府会有计划地修建简易防蝇厕所，设置固定地点堆放垃圾，并运到指定地点统一处理。农民群众要自觉遵守震区卫生公约，将

粪便和生活垃圾排放到指定地点，并与日常生活区分开。清除临时住所周围的粪便、污物。及时消毒，深埋死禽死畜死鼠。保持房间内、临时搭建房或帐篷内空气流通，减少疾病的发生和传播。

三、防治传染病疫情

地震发生后，由于很容易造成传染病的流行及爆发，因此，震后一定要认真搞好卫生防疫，避免大灾之后出现大疫。这个时候，要特别注意个人饮食和卫生，以免染上疾病。

孩子和老人的抵抗力较低，跟他们接触时，特别要注意自己的手是否干净卫生。根据气候的变化随时增减衣服，注意防寒保暖。要吃一些咸菜，补充体内大量出汗而损失的盐分，预防中暑。

露宿时要避免蚊虫叮咬，按照接种疫苗或服务药物，增强身体免疫力。如果伤口破损，应及时消毒包扎，不可使其与土壤直接接触，以免引起破伤风或经土壤传播的疾病。

如果有什么不舒服，一定要及时告诉家人或相关人员，以便尽快得到治疗。对已患传染病的人，要及时隔离治疗，控制传染源。

四、及时处理尸体

强烈地震后，往往会有较多的人员死亡。这些尸体如果得不到恰当处理，很容易滋生细菌，污染灾区生活环境，甚至引发疾病。据研究，尸体腐化分解后将会产生气体物质和液体物质，其中一种叫作尸碱的物质可致人体中毒。处理尸体是抗震救灾的当务之急。村民委员会应尽可能地组织村民对尸体进行登记造册，说服教育遇难者家属配合政府有关部门做好尸体掩埋处理工作。

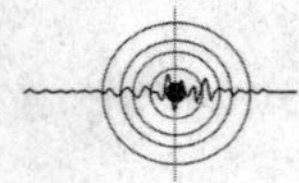

扒挖尸体时，要注意对尸体进行消毒、除臭。尸体上可用石灰水、黑色草木灰来吸附含臭物质，也可用1%的二氧化硅与木屑混合吸附硫化氢之类的臭气，或喷洒 3%～5%的来苏水。效果较好的是次氯酸钙、氢氧化钙和漂白粉混合喷洒，能很快除臭消毒。将尸体移开后，对现场要再次喷洒除臭。

要将尸体用衣服、被褥包严，装入塑料袋内将口扎紧，防止尸臭逸散，将包裹后的尸体最好捆三道（头、腰、腿部），便于移运和以免尸臭散发。

运出尸体时，要用符合卫生要求的专用车辆，如指定的牛车、架子车等。先在运尸车厢底部垫一层沙土或塑料布，防止尸液污染车厢。要有计划地选择远离城镇和水源的地点深埋。

在郊外选择好埋尸地点，在不影响环境和不污染水源的条件下，将尸体深埋地下 1.5～2 米，上面加盖土壤和石灰。原临时埋在生活区内的尸体，一律重新挖出并移运至郊外的合适地点进行二次埋葬，以改善环境卫生。

由于灾区救援工作紧张而繁杂，劳累过度和缺乏睡眠，灾民的抵抗力将大大下降。挖掘、搬运和掩埋尸体作业人员，要合理分组，采取多组轮换作业，防止过度疲劳，缩短接触尸臭时间。

尸体挖埋作业人员要戴防毒口罩，穿工作服，扎橡皮围裙，戴厚橡皮手套，穿高腰胶靴，扎紧裤脚、袖口，防止吸入尸臭中毒和尸液刺激损伤皮肤。特别要注意防止手部外伤，以免沾有细菌毒素引起中毒。

挖埋尸体人员作业完毕，先在距生活区 50 米左右的消毒站脱下工作服、围裙和胶靴，由消毒人员消毒除臭，把橡皮手套放入消毒缸内浸泡消毒。双手用 3%来苏液浸泡消毒，再用酒精棉球擦手，最后用清水、肥皂洗净，有条件时淋浴或擦澡。进宿舍后换穿清洁衣服。运尸车和挖埋尸体工具，要停放在消毒站，由消毒人员用高浓度漂白粉精、三合二乳剂或除臭剂消

毒除臭。

要把开水送到作业人员口中，防止污染饮用水和餐具。挖埋作业人员应在特设的临时食堂就餐。

五、预防露宿隐患

发生地震后，许多房屋因成为危房而无法居住，灾民不得已在外露宿。在露宿时，应该尽力利用我们身边有限的资源，确保健康。

露宿地点最好选择在干燥、避风、平坦的地方，避开危崖、陡坎、河滩等地，不要靠近危楼、烟囱、水塔、高压线等危险物。在山坡上露宿时，最好选择东南坡，因为那里不仅避风，而且早上能最早见到太阳。

不要进入危房

在以往震例中，很多露宿在外的灾民受到低气温的侵袭，在灾后的第二天醒来时开始出现头晕、头痛，有时会出现腹痛、

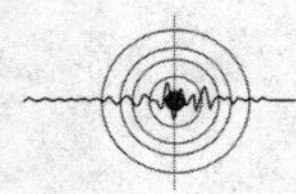

腹泻，四肢酸痛、周身不适等症状。这是由于人体在睡眠时，夜深气温低，人体和外界的温差大，整个机体处于松弛状态，抗病能力下降而引起的。再加上“贼风”侵袭，凉风吹起地面上的尘土，被席地而睡的露宿者不知不觉地吸入口腔和肺部。而睡眠中人体各器官活动减弱，免疫机能降低，尘土和空气中的细菌、病毒乘虚而入，就会引起咽炎、扁桃体炎、气管炎等。更有甚者，有的灾民身体和地面仅隔着薄薄的凉席、塑料布，在凉风与地表湿气向上蒸腾的合力作用下，患上了难以治愈的诱发风湿性关节炎、类风湿病等。因此，露宿时一定要做好防寒保暖措施。

此外，露宿时还要严防蚊虫叮咬。露宿者如被蚊子叮咬，可能传染疟疾、丝虫病、流行性乙型脑炎、乙型肝炎等疾病。夜间活动的昆虫，有时仅仅在皮肤上爬一下，也会引起条索状或斑块状的水肿性红斑、丘疹、水疱，灼痛刺痒。露宿野外，还有可能被蛇、蝎、蜈蚣叮咬伤害，重者甚至有生命危险。如果被动物或毒蛇等咬伤，应立即用绳带在伤口上方缚扎，阻止过多失血或毒素扩散，并尽快送往医院救治。在紧急情况下，可用肥皂水清洗伤口或用口吮吸毒液（边吸边吐，并用清水漱口）。如果伤口破损，应及时消毒包扎，不可使其与土壤直接接触，以免引起破伤风和经土壤传播的疾病。

第六节　积极面对震后生活

在大地震发生之后，原来的生活环境发生了巨大改变，很多人身体受到了伤害，又亲眼目睹了现场的惨状以及亲人、朋友的离去。在这种情况下，人往往会产生恐惧、悲伤、失望、焦虑等一系列身心反应，这些反应都是肌体在大型灾难发生之后出现的正常的应激反应。面对灾难，我们除了保障身体上的健康，更要学会做自己心灵的按摩师，要运用各种方法积极摆

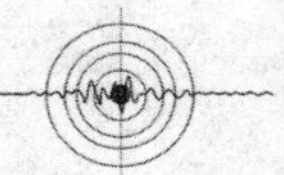

脱心理阴影，重建美好家园。

一、幸存者的情绪反应和身体症状

经历大地震的人，常常会在未来一段时间内产生下列身心反应：

恐惧担心。由于地震的突发性和巨大破坏性，刚刚经历灾难的人很容易感受到前所未有的恐惧，很担心地震会再次发生，害怕自己或亲人会受到伤害，害怕只剩下自己一个人。这些担心会让自己变得过度敏感，比如对有关地震的声音、图像等非常敏感，甚至产生地动、楼晃等幻觉。

悲伤内疚。听到亲人、同学或其他人伤亡的消息，非常难过、伤心；如果有人为救助自己而丧生，很可能带来巨大的罪恶感，觉得是自己的过错导致了亲人或朋友的伤亡，感到内疚、自责；悔恨自己其实应该提前做某事，就能避免亲人或朋友的伤亡；悔恨自己没有能力救出家人，希望死的人是自己而不是亲人；悔恨自己如果不做某事，亲人或朋友也许就能避免伤亡。

孤独无助。觉得亲友都离去了，没有人可以帮助自己，不知道将来该怎么办，麻木、自闭、拒绝与他人沟通；感觉面对灾情，自己什么都做不了，感到无助。

强迫性重复回忆。灾难现场那些惨烈的画面不停地在脑海中再现，一闭上眼就会看到最恐惧最悲伤的画面；一直想着逝去的亲人，心里觉得很难过，无法想别的事。

不愿面对现实。拒绝接受灾难现实，避免再提到与灾难相关的事情，不相信自己经历的一切，总期待着奇迹出现，亲人重新站在自己的面前，而现实让自己一次次地失望，绝望和痛苦挥之不去。

生气和愤怒。觉得命运对自己不公平，救灾的动作怎么那么慢；为什么只有自己会失去亲人，气别人不知道自己的需要、

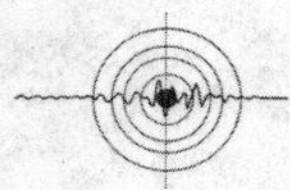

不了解自己的痛苦等。

想念亲人

失去信任感。缺乏耐心，不相信周边的人和事，不能与他人很好地相处，缺乏自制力。

此外，由于身心极度疲劳及休息与睡眠不足，还容易产生生理上的不适感，如失眠、眩晕、呼吸困难、紧张、无法放松、易疲倦、发抖或抽筋、记忆力减退、肌肉疼痛（包括头、颈、背痛）、心跳突然加快、胃痛、拉肚子等。

二、如何摆脱地震心理阴影

唐山地震后，很多人出现了失眠多梦、情绪不稳定、紧张焦虑等症状。一个患者在唐山大地震中失去三个孩子，每次看到和她家遇难孩子年龄相仿的小孩，她都止不住悲痛，很长一段时间内郁郁寡欢。在家里即使是大白天也要拉上窗帘，不拉窗帘就会出现震亡的小孩要从窗子进来的幻觉。每当与人谈起

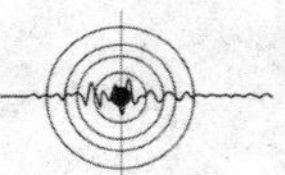

过去的经历，她都要失声痛哭。另一个患者在唐山大地震中被困废墟4小时，从此心中留下了阴影。一次他到外地出差，住处忽然停电，黑暗中，他顿时感觉呼吸窘迫，巨大的恐惧感袭来，如同又被埋在了废墟下。中国心理健康协会的教授肖水源认为："灾难会在人身上造成严重心理创伤，如果不及时治疗，会折磨一生，改变病人的性格，甚至导致极端行为如自杀和暴力。"

针对震后的一些情绪反应和身体症状，我们可以通过以下几种方法进行自我调节，尽快驱散心理阴影，恢复正常的生活状态。

（1）保证睡眠与休息，尽力使自己的生活作息恢复正常。因为稳定而规律的生活节奏，会让心情有所依归而不再慌乱。如果睡不好可以做一些放松和锻炼的活动；如果失眠、焦虑情况仍然严重，应尽快去看精神科大夫。

（2）保证基本饮食。食物和营养是我们战胜疾病创伤、积极康复的保证。

（3）与家人或者朋友交流，将内心的各种情绪说出来，让情绪得到自然宣泄。如果这些负面情绪被一直压抑，只会造成日后更长久、更严重的问题。

（4）感受身边的关怀，感受社会的支持，看到希望，树立信心。

切记以下四个"不要"：

（1）不要勉强自己去遗忘，伤痛会停留一段时间，是正常的现象。试着把情绪说出来，并且和家人、朋友一同分担悲痛。

（2）不要孤立自己，要多和亲戚、朋友保持联系，多和他们交流。

（3）不要因为不好意思或忌讳，而逃避和别人谈论自己的痛苦。

（4）不要阻止亲友对自己诉说伤痛，让他们说出自己的

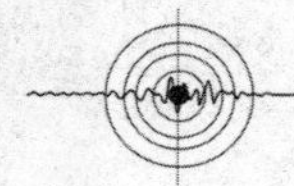

痛苦，是帮助他们减轻痛苦的重要途径之一。

伤痛会停留一段时间。这段时间之后，要学会慢慢地去接受事实，并逐渐开始新的生活。可以列出自己以后生活的计划，然后一一去实施，尽快回到正常的生活中。

三、积极加入志愿者队伍

在可怕的灾难面前，我们感受到了个人的渺小，需要相互帮助，相互扶持。也许我们动动铁锹，就能挽救一个生命；也许我们的一句话，就能让灾区的人们找到振作起来的勇气；也许我们的一个拥抱，就能告诉他们并不孤独。与此同时，我们也会发现，在帮助别人的同时，自己也会逐步从灾后的伤痛，特别是无助的状态中走出来。因为，当帮助别人的时候，能发现自己的价值，发现自己能够改变环境、改变现状，或许能够由此开始重新认识自己并且感受到喜悦和幸福。2008 年 5 月 12 日 14 时 28 分，汶川特大地震突然袭来，地动山摇，举国震惊，给人民生命财产造成巨大损失。在抗震救灾的关键时刻，广大农民、工人、学生、医生等积极加入志愿者队伍奔赴一线，不顾个人安危，不计个人得失，全力投入救灾，谱写了一个个动人事迹。

参加志愿者队伍，主要能做以下几个方面的工作：

震后的搜救工作。对于地震紧急救援而言，虽然地震灾害专业救援队专业性强、效率高，但数量有限。灾区外面的其他抢险队伍如部队等，虽然能大规模救援，但到达灾区需要一定的时间。地震应急救援志愿者队，可以在震后及时、有序地实施自救、互救；在专业救援队伍到达后，还可与其配合开展进一步的搜救、抢救工作。

医护救助工作。震后伤员很多，医护人员大都忙不过来，一部分志愿者此时就可以发挥重要作用。尽管志愿者可能不懂

医术，但可以在医护人员的指导下做些协助搬运伤员、照顾伤员等力所能及的工作。

心理救助工作。大地震过后，灾区人们受到很大的打击，大多数人心里都会留下阴影。那些心理脆弱的人可能会更严重。除了心理辅导人员的工作外，亲人朋友的互相安慰也对灾区人们摆脱心理阴影有着很重要的作用。志愿者可以陪着他们说话，耐心地倾听他们的伤心事，安慰他们，鼓励他们，帮助他们重拾生活的勇气和信心。

震后的灾评工作。地震过后，专业灾评人员会对此次灾难造成的人员伤亡和财产损失做出评估，为政府救灾提供决策参考。志愿者可以收集并报告震情与灾情，对附近的房屋、景物进行观察，观察房屋有无倒塌，地面和景物有无破坏等。

防震减灾知识的宣传工作。灾难发生后，一般会出现信息混乱的情况，很多没有经过确认的信息会很快传播，很可能造成不必要的惊慌。遇到这种情况，志愿者要告诉大家大地震之后有些余震是很正常的，其破坏性也不会那么大。要让大家清楚，不是每次地震都具有那么大的危害性。多收听广播，也可以教大家采取一些简单的防震措施，告诉大家在余震来临时应该如何保护自己。

一方有难，八方支援。地震发生后，各种生产、生活设施遭到破坏，灾区的人们更是伤痕累累，需要帮助的事情还有很多。我们成功脱险后，要积极加入志愿者队伍，向处在灾难之中的人们伸出援助之手。

四、恢复生产生活和重建家园

最初的地震应急救援工作过后，就开始进入到恢复重建阶段。每次破坏性地震发生后，党和政府会立即组织展开全面的抗震救灾工作，把人民的安危冷暖放在第一位，社会各界也会

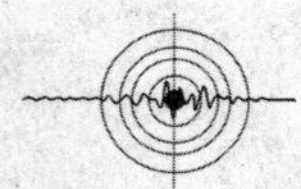

给予方方面面的支援。因此，灾区的农民朋友要坚定战胜自然灾害的信心，要在党和政府的统一领导和管理下，在社会各界力量的支援帮助下,积极投身到恢复生产生活和重建家园中去，加快生产设施如灌溉设施、牛羊圈舍、仓储设施等的重建或修复。

震后重建由于时间紧、任务重、要求高，各级各部门都会针对受灾特点，在房屋重建规划、施工、标准等方面提供人员、技术等方面的支持。农民朋友要根据专业人员做好的规划，选择好重建场地。重建时一定要考虑本地区基本烈度所要求的抗震标准，从整体布局、建筑物结构、建筑用材、施工技术等方面保证新建房屋的综合抗震能力，最大限度地减轻和避免灾难的再次发生。还要注意避开地震断裂带上可能发生地表错位的部位，行洪河道以及可能发生滑坡、崩塌、地陷、地裂、泥石流等灾害的场地。

地震之后，大量的生产生活设施遭到破坏，需要恢复重建的地方很多，社会各界都会向灾区伸出援手。而灾区群众自己则不能有“等、靠、要”的消极思想，要积极恢复生产生活，自力更生，重建美好家园。